QINGSONGXUE
DIANQI ZHITU

轻松学

电气制图

钟 睦 主编

中国电力出版社
CHINA ELECTRIC POWER PRESS

内 容 提 要

本书是一本 AutoCAD 2016 电气制图实用教程，系统讲解了 AutoCAD 2016 中文版的基本操作以及绘制常见电气图的方法和技巧。本书附赠配套视频资源（按本书封底信息操作下载），包括全书所有实例的高清视频教学，以成倍提高学习兴趣和效率。

本书共 12 章，第 1~5 章，讲解了 AutoCAD 二维图形绘制、编辑、精确定位、图案填充、块、文字与表格、尺寸标注、图层等 AutoCAD 基本知识及基本操作；第 6 章讲解了电气制图的规则及其表现方式；第 7 章讲解了各类常见电气元件的绘制方法；第 8~12 章介绍了电路图、变配电工程图、建筑电气图、建筑电气设备、机械电气工程图的绘制方法。

本书结构清晰、讲解深入详尽，具有较强的针对性和实用性，本书既可作为大中专、培训学校等相关专业的教材，也可作为广大 AutoCAD 初学者和爱好者学习 AutoCAD 电气制图的指导用书。对各专业技术人员来说，也是一本不可多得的参考手册。

图书在版编目（CIP）数据

轻松学电气制图/钟睦主编. —北京：中国电力出版社，2017.8
ISBN 978 - 7 - 5198 - 0374 - 2

Ⅰ. ①轻… Ⅱ. ①钟… Ⅲ. ①电气制图—计算机制图—AutoCAD 软件 Ⅳ. ①TM02-39

中国版本图书馆 CIP 数据核字（2017）第 027976 号

出版发行：中国电力出版社
地　　址：北京市东城区北京站西街 19 号（邮政编码 100005）
网　　址：http：//www.cepp.sgcc.com.cn
责任编辑：马淑范（xiaoma1809@ 163.com）
责任校对：马　宁
装帧设计：王英磊　赵姗姗
责任印制：蔺义舟

印　　刷：航远印刷有限公司
版　　次：2017 年 8 月第一版
印　　次：2017 年 8 月北京第一次印刷
开　　本：710 毫米×980 毫米　16 开本
印　　张：23.25
字　　数：436 千字
印　　数：0001—2000 册
定　　价：48.00 元

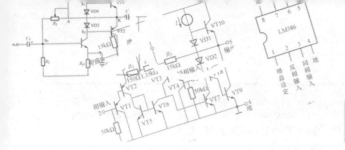

前　言

AutoCAD 是 Autodesk 公司开发的一款绘图软件，也是目前市场上使用率极高的辅助设计软件，被广泛应用于建筑、机械、电子、服装、化工及室内装潢等工程设计领域。它可以更轻松地帮助用户实现数据设计、图形绘制等多项功能，从而极大地提高了设计人员的工作效率，并成为广大工程技术人员必备的工具。本书以目前最新的 AutoCAD 2016 版本进行讲解。

本书内容安排

本书是一本 AutoCAD 2016 电气制图的案例教程，通过将软件技术与行业应用相结合，全面系统讲解了 AutoCAD 2016 中文版的基本操作及电力电气工程图、通信工程图、控制电气工程图、机械电气工程图、建筑电气图的理论知识、绘图流程、思路和相关技巧，可帮助读者迅速从 AutoCAD 新手成长为电气制图设计高手。

本书各章节内容安排如下：

篇　名	内　容　安　排
AutoCAD 基础篇 （第 1~5 章）	本篇系统讲解了 AutoCAD 的基础知识，使没有 AutoCAD 基础的读者能够全面掌握 AutoCAD 的基本操作，此外还讲解了二维图形绘制和编辑等知识，包括点、直线、多边形、圆弧、多段线、样条曲线、多线、填充图案等基本二维图形的绘制，以及选择、移动、复制、变形、修整、圆角、倒角、夹点编辑等二维图形编辑命令
电气基础篇 （第 6~7 章）	本篇介绍了电气设计的基本理论知识，包括电气图的简介、电气图的制图规则、电气元件的表示方法、电气图连接线的表示方法、电气图形符号的表示方法等内容。以及各类电气元件符号的绘制等内容
行业应用篇 （第 8~12 章）	本篇精选各行业的电气制图案例，详细讲解了这些电气工程图样的基础知识、绘制思路和方法技巧，以积累实际工作经验。这些案例包括电子电路图、变配电工程图、建筑电气图、建筑电气设备图和机械电气工程图等

本书写作特色

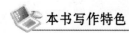

总的来说，本书具有以下特色。

零点快速起步 绘图技术全面掌握	本书从 AutoCAD 2016 的基本功能、操作界面讲起，由浅入深、循序渐进，结合软件特点和行业应用安排了大量实例，让读者在绘图实践中轻松掌握 AutoCAD 2016 的基本操作和电气制图技术精髓
案例贴身实战 技巧原理细心解说	本书所有案例精挑细选，每个实例都包含相应工具和功能的使用方法和技巧。在一些重点和要点处，还添加了大量的提示和技巧讲解，帮助读者理解和加深认识，从而真正掌握，以达到举一反三、灵活运用的目的
五大电气类型 电气制图全面接触	本书涉及的绘图领域包括电子电路图、变配电工程图、建筑电气图、建筑电气设备图、机械电气工程图共 5 种常见类型，使广大读者在学习 AutoCAD 的同时，可以从中积累相关经验，了解和熟悉不同领域的专业知识和绘图规范
高清视频讲解 学习效率轻松翻倍	本书配套视频收录全书实例长达 420 分钟的高清语音视频教学文件，可以在家享受专家课堂式的讲解，成倍提高学习兴趣和效率（按本书封底信息操作下载）

 本书创建团队

　　本书由陈志民组织编写，具体参与编写和资料整理的有：薛成森、梅文、李雨旦、何辉、彭蔓、毛琼健、陈运炳、马梅桂、胡丹、张静玲、李红萍、李红艺、李红术、陈云香、陈文香、陈军云、彭斌全、林小群、刘清平、钟睦、江凡、张洁、刘里锋、朱海涛、廖博、喻文明、易盛、陈晶、何荣、黄柯、黄华、陈文轶、杨少波、杨芳、刘有良等。

　　编者水平有限，书中难免有疏漏与不妥之处。在感谢您选择本书的同时，也恳请您把对本书的意见和建议告诉我们。

　　联系信箱：lushanbook@ qq. com

编　者

2017 年 6 月

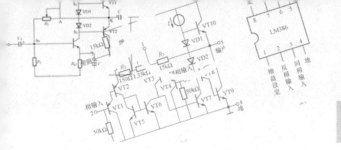

目 录

前言

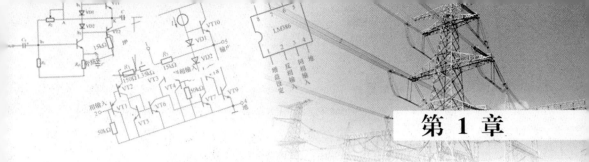

第 1 章

AutoCAD 2016入门

AutoCAD 制图软件由 Autodesk（欧特克）公司开发，从 1982 年面世至今，经过多次的升级改版，软件的各方面功能日臻完善，更契合广大设计人员的使用需求。AutoCAD 软件现在已成为国际上广为流行的绘图工具，拥有强大的二维绘图、设计文档及基本的三维设计等功能。

AutoCAD 使用范围广泛，可用于土木建筑、装饰装潢、工业制图、工程制图、电子工业、服装加工等多个领域。

本书以 AutoCAD 2016 版本为例，介绍使用 AutoCAD 绘制各类电气图样的操作方法。

·1.1 工作界面简介

安装 AutoCAD 2016 版本后，双击电脑桌面上的软件图标以启动软件。软件启动后可以显示其操作界面，如图 1-1 所示。

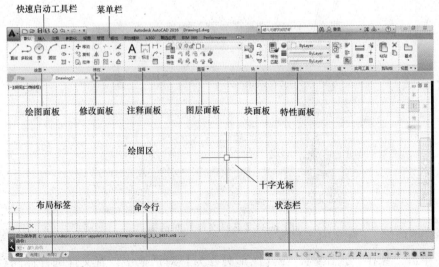

图 1-1　操作界面

1.1.1 快速启动工具栏

快速启动工具栏上显示了各项常用命令按钮，如"新建"按钮、"打开"按钮、"保存"按钮、"另存为"按钮、"打印"按钮、"放弃"按钮。单击其中的按钮，可以执行相应的操作。

例如单击"新建"按钮，在【选择样板】对话框中选择图形样板，如图1-2所示；单击"打开"按钮，可以完成新建图形文件的操作。

单击"打开"按钮，则系统调出【选择文件】对话框，如图1-3所示；在其中选择电脑中已有的 AutoCAD 文件，单击"打开"按钮，可以将选中的图形文件打开。

图1-2 【选择样板】对话框

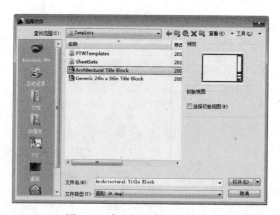

图1-3 【选择文件】对话框

单击"保存"按钮，在【图形另存为】对话框中设置文件的存储路径以及保存名称、保存类型，如图 1-4 所示；单击"保存"按钮，关闭对话框即可保存图形文件。

单击"另存为"按钮 ，在【图形另存为】对话框中可以使用新的名称保存图形文件的副本。假如对图形执行命令操作，不会对副本图形造成影响。但是在编辑修改图形后再对文件进行"保存"操作，则编辑结果会保存到图形副本中。

单击"打印"按钮 ，在【打印—模型】对话框中来设置各项打印参数，例如选择打印机、指定所打印图样的尺寸、设定打印区域以及打印比例等，如图 1-5 所示。单击"确定"按钮可以按照所设定的参数打印输出图形文件。

单击"放弃"按钮 ，可以放弃所执行的绘图或者修改操作。

图 1-4 【图形另存为】对话框

图 1-5 【打印—模型】对话框

1.1.2 面板区

功能区由"默认"选项卡、"插入"选项卡、"注释"选项卡、"参数化"选项卡等组成，如图1-6所示，在各选项卡下包含各种各样的面板，通过调用面板上的命令，可以执行相应的绘制或者编辑操作。

图1-6 功能区

1. "默认"选项卡

启动 AutoCAD 2016 应用程序，系统显示当前菜单为"默认"选项卡。在"默认"选项卡中，包含"绘图"面板、"修改"面板、"注释"面板、"图层"面板、"块"面板、"特性"面板等，如图1-7所示。

图1-7 "默认"选项卡

☐ "绘图"面板

在"绘图"面板上显示了各种绘图命令按钮，如"直线"命令按钮、"多段线"命令按钮等。在"圆"命令按钮、"圆弧"命令按钮等的下方显示有黑色实心向下箭头，表示该命令按钮下包含子菜单，子菜单中包含其他绘图命令，单击箭头即可显示，如图1-8所示。

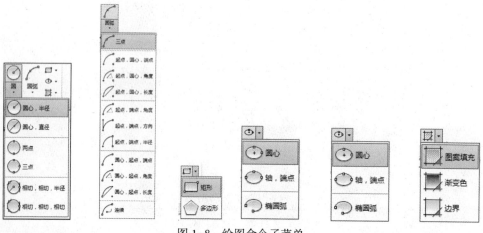

图1-8 绘图命令子菜单

单击"绘图"面板名称 绘图 ▾ 右侧的向下实心箭头，在弹出的列表中显示了其他类型的绘图命令按钮，如"样条曲线拟合"命令按钮 ⌇、"构造线"命令按钮 ⟋ 等，如图 1-9 所示。

单击列表左下角的图钉按钮 ⊡，待按钮转换为 ⊙ 后，可将列表固定。此时用户可以方便地通过点取按钮来调用命令。

❏　"修改"面板

"修改"面板为用户提供了各种编辑修改图形的命令，如"移动"命令 ✛、"旋转"命令 ○、"复制"命令 ⊙ 等，如图 1-10 所示。单击命令按钮右侧的向下实心箭头，可以显示该包含修改命令的子菜单。单击面板名称右侧的实心箭头，可以弹出列表，通过单击列表上的命令按钮来调用命令。

图 1-9　固定列表

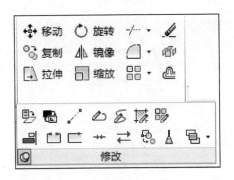

图 1-10　"修改"面板

❏　"注释"面板

"注释"面板包含了各式注释命令，如"文字"命令 Ⓐ、"标注"命令 ▦ 等，如图 1-11 所示。单击"文字"命令按钮，可以调用"多行文字"命令；单击按钮右侧的向下实心箭头，在调出的子菜单中包含了"单行文字"命令 Ⓐ 与"多行文字"命令 Ⓐ，单击其中的按钮可以分别调用文字标注命令。

单击"标注"命令按钮 ▦，命令提示如下。

命令:_dim↙
选择对象或指定第一个尺寸界线原点或［角度（A）/基线（B）/连续（C）/坐标（O）/对齐（G）/分发（D）/图层（L）/放弃（U）］：
指定第一个尺寸界线原点或［角度（A）/基线（B）/连续（C）/坐标（O）/对齐（G）/分发（D）/图层（L）/放弃（U）］：
指定第二个尺寸界线原点或［放弃（U）］：

指定尺寸界线位置或第二条线的角度［多行文字（M）/文字（T）/文字角度（N）/放弃（U）］：

如上述的命令行提示所示，通过输入选项字母（如输入 A，选择"角度"），可以创建相应的尺寸标注。假如直接指定第一个、第二个尺寸界线原点，则可创建线性标注。

单击"线性"标注命令按钮 右侧的向下实心箭头，在调出的子菜单中显示其他各类标注命令，如"对齐"标注命令 、"角度"标注命令 、"弧长"标注命令 等，如图 1-12 所示。通过单击命令按钮可以调用各种标注命令。

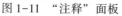

图 1-11　"注释"面板　　　　图 1-12　标注命令子菜单

单击"注释"面板名称右侧的向下箭头，在弹出的列表中显示了各类注释样式栏，如"文字样式" 、"标注样式" 、"多重引线样式" 、"表格样式" 。

在各样式栏中显示了当前样式的名称，如在"文字样式" 栏中显示 Standard，则当前正在使用的文字样式名称为 Standard。单击样式栏右侧的向下实心箭头，可以在弹出的列表中选择已有的样式。

单击样式按钮，可以调出样式对话框，在对话框中可以新建或者编辑样式。如单击"文字样式"按钮 ，可调出如图 1-13 所示的【文字样式】对话框；单击"标注样式"按钮 ，可以调出如图 1-14 所示的【标注样式管理器】对话框。

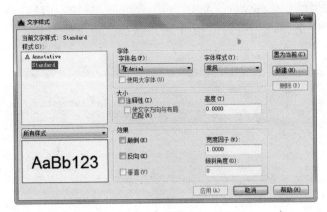

图 1-13　【文字样式】对话框

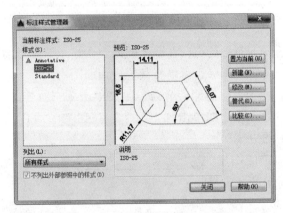

图 1-14　【标注样式管理器】对话框

❏ "图层"面板

"图层"面板如图 1-15 所示，在其中不仅显示当前图层的名称、属性，还可以通过单击特性按钮，如"关"按钮、"打开所有图层"按钮等，对图层进行编辑操作。

单击"图层特性"按钮，调出如图 1-16 所示的【图层特性管理器】对话框。在对话框中可以创建新图层，或者编辑已有图层的属性。

在 "图层" 栏中，

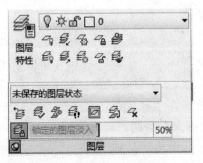

图 1-15　"图层"面板

7

显示当前图层属性、名称，含义依次为开、解冻、解锁、白色、0。即名称为0的图层为当前图层，该图层为启用（开）状态，未冻结、锁定，颜色为白色，名称为0。

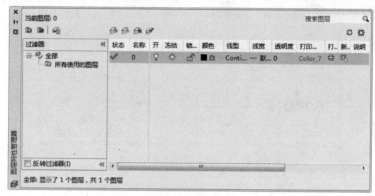

图1-16 【图层特性管理器】对话框

单击名称后的向下实心箭头，在调出的列表中显示该图形文件中所包含的所有图层，单击选择其中的图层，可以将其置为当前图层。

单击"图层"面板名称右侧的箭头，通过单击调用所弹出的列表中的命令，可以对图层执行各项操作。如单击"上一个"按钮，可以放弃对图层设置的上一个或者上一组的更改。

通过调整"锁定的图层 锁定的图层淡入 50% 淡入"栏上的百分比，可以控制锁定图层上对象的淡入程度。

❑ "块"面板

图1-17 "块"面板

"块"面板如图1-17所示，通过单击其中的命令按钮，可以创建、插入、编辑块。

单击"插入"按钮，调出如图1-18所示的【插入】对话框。单击"名称"栏右侧的向下箭头，在弹出的列表中显示了当前图形中所包含的所有图块。单击"浏览"按钮，可以打开【选择图形文件】对话框，从电脑中选择图块。

在"插入点""比例""旋转"选项组下可以编辑图块的插入参数，单击"插入"按钮，可以将图块插入。

单击"创建"按钮，通过在【块定义】对话框中设置图块属性来创建图块。单击"块编辑器"按钮，可以打开块编辑器，可以为当前图形创建或者更改块定义，还可向块添加动态行为。

图 1-18 【插入】对话框

单击"块"面板名称右侧的向下箭头，在弹出的列表中显示其他编辑块的命令，如"定义属性"按钮、"块属性管理器"按钮等。

❑ "特性"面板

"特性"面板如图 1-19 所示。单击"特性匹配"命令按钮，可将选定对象的特性（如颜色、图层、线型、线型比例、线宽、打印样式、透明度等）应用到其他对象。

"对象颜色"栏 用来选择要置为当前的颜色（假如未选定任何对象），或者更改选定对象的颜色。单击右侧的向下箭头，在调出的列表中可以选择其他颜色，如图 1-20 所示；单击"更多颜色"选项，在调出的【选择颜色】对话框中可以自定义颜色类型。

图 1-19 "特性"面板

图 1-20 "颜色"列表

"线宽"栏  用来显示当前对象的线宽，单击右侧的向下箭头，在列表中可以更改线宽，如图 1-21 所示；单击"线宽设置"按钮，在如图 1-22 所示的【线宽设置】对话框中来更改线宽参数。

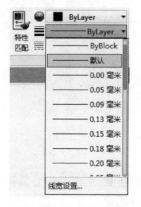

图 1-21 "线宽"列表

图 1-22 【线宽设置】对话框

线型  栏中显示当前对象的线型，在列表中可以更改线型。在列表中单击"其他"选项，调出如图 1-23 所示的【线型管理器】对话框；单击右上角的"加载"按钮，在如图 1-24 所示的【加载或重载线型】对话框中可以选择线型。单击"确定"按钮返回【线型管理器】对话框，单击"确定"按钮关闭对话框。则所选择的线型可显示在线型列表中，单击可调用。

图 1-23 【线型管理器】对话框

单击"特性"面板右侧的向下箭头以弹出编辑列表，如可在"透明度"栏中设置对象的透明度，该参数仅影响屏幕上的显示，不会影响打印或者打印预览。

图 1-24　【加载或重载线型】对话框

2.“注释”菜单

“注释”选项板如图 1-25 所示，在其中包含“文字”面板、“标注”面板、“引线”面板、“表格”面板，以下分别介绍。

图 1-25　“注释”菜单

❑　“文字”面板

“文字”面板如图 1-26 所示，在其中可以创建或编辑文字及文字样式。

单击“拼写 检查”命令按钮 ，可以检查单行文字、多行文字、多重引线文字、块属性内的文字、外部参照文字内的文字和添加至标注的文字中的拼写。

通过单击执行“文字对齐”命令按钮 ，可以对齐并间隔排列选定的文字对象。

“对正”命令 用于指定新的文字对正点，包括顶部、中间、底部以及左侧、中心和右侧。

图 1-26　“文字”面板

在“查找替换”栏 中输入待查的文字，单击右侧的查找按钮，弹出如图 1-27 所示的【查找和替换】对话框，在其中分别输入“查找"内容和"替换"内容，单击"全部替换"按钮，可以完成替换操作。

图 1-27 【查找和替换】对话框

在"注释文字高度"栏 2.5 中显示标注文字的高度，在其中可以设置使用当前文字样式创建的新文字对象的默认高度。

单击"文字"面板右侧的向下箭头，通过调用列表中的"缩放"命令，可以在保持选定文字对象位置不变的情况下对其进行放大或者缩小。

❑ "标注"面板

图 1-28 "标注"面板

"标注"面板如图 1-28 所示，在其中可以创建或者编辑各类尺寸标注，还可通过调出【标注样式管理器】对话框来创建或者编辑尺寸标注样式。

在创建系列基线或者连续标注，或者为一系列圆或圆弧创建标注时，调用"快速"标注命令，可以从选定对象中快速创建一组标注。

单击"连续"标注命令右侧的向下实心箭头，在弹出的子菜单中分别显示"连续"标注命令及"基线"标注命令，通过单击命令按钮可以调用命令。

在面板右侧显示各类编辑尺寸标注的命令按钮，如单击"打断"命令按钮可以在标注或者延伸线与其他对象交叉处折断；单击"调整间距"命令按钮，可以调整线性标注或者角度标注之间的间距。

单击"标注"面板名称右侧向下实心箭头，在列表中显示了其他标注命令。如调用"公差"命令可以创建包含在特征控制框中的形位公差，调用"圆心标记"命令，可以创建圆或者圆弧的圆心标记或者中心线。

❑ "引线"面板

"引线"面板如图 1-29 所示，在其中可以创建或编辑多重引线标注。

调用"多重引线"命令 ，可以创建多重引线对象。

"多重引线样式"栏 Standard 中显示当前引线样式的名称，单击右侧的向下箭头，可以在列表中显示当前图形所包含的所有样式名称。

图1-29　"引线"面板

在"多重引线样式"栏的下方显示了用来编辑多重引线标注的各类命令，如调用"对齐"命令 ，可以将选定的多重引线对象对齐并且按照一定间距来排列；调用"添加引线"命令 ，可以将引线添加至现有的多重引线对象中。

单击"引线"面板名称右侧的"多重引线样式管理器"命令按钮 ，可在如图1-30所示的【多重引线样式管理器】对话框中创建或修改引线样式。如单击"修改"按钮，可以在如图1-31所示的【修改多重引线样式】对话框中修改引线样式的各项参数。

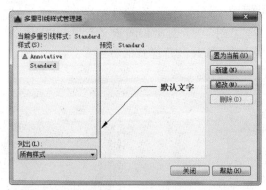

图1-30　【多重引线样式管理器】对话框

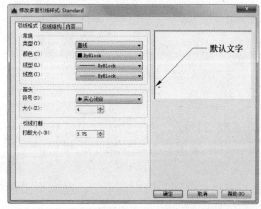

图1-31　【修改多重引线样式】对话框

□ "表格"面板

"表格"面板如图1-32所示,在其中可以创建表格并对表格数据进行编辑。

单击"表格"按钮,可以创建空的表格对象。

在"表格样式"栏 Standard 显示当前正在使用的表格样式,单击右侧的向下箭头,可以在列表中选择图形中已定义的表格样式,以便将其置为当前正在使用的样式。

图1-32 "表格"面板

在"表格样式"栏的下方显示了编辑表格数据的命令按钮,如单击"从源下载"命令按钮,可以更新从外部数据文件链接到当前图形中表格的数据;单击"提取数据"命令按钮,可以提取外部源中的图形数据并将其合并到数据提取处理表或者外部文件中。

单击"表格"面板名称右侧的"表格样式"命令按钮,在如图1-33所示的【表格样式】对话框中可以创建新的表格样式。单击"修改"按钮,可在【修改表格样式】对话框中修改已有样式的各项参数。

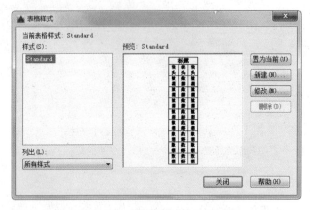

图1-33 【表格样式】对话框

1.1.3 绘图区

打开AutoCAD 2016应用程序,系统默认开启"栅格"功能,如图1-34所示。"栅格"功能可以辅助绘图,为定位图形提供帮助,按下F7键可以控制"栅格"功能的开启与关闭。

绘图区位于面板的下侧,命令行窗口的上方,是整个工作界面中面积最大的部分,是绘制、编辑图形的区域,如图1-35所示。

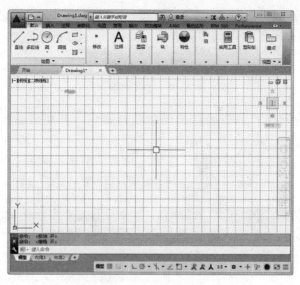

图 1-34　启用"栅格"功能

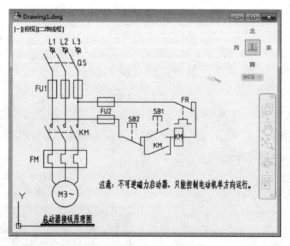

图 1-35　绘制/编辑图形

1.1.4　命令行窗口

AutoCAD 可以通过在命令行中输入命令代码来调用命令，如输入 L 可以调用"直线"命令，输入 A 可以调用"圆弧"命令。在命令行中显示了命令的各选项，如图 1-36 所示，输入选项后的字母代码，可以执行相应的操作。

单击命令行窗口左上角的"关闭"按钮 ，系统会调出如图 1-37 所示的

图 1-36　命令行窗口

提示对话框，询问用户是否确认关闭命令行窗口，并在对话框中提示通过按 CTRL+9 键可以再次显示命令行窗口。

单击"自定义"命令按钮 🔧 ，在弹出的菜单中显示命令行窗口可以执行的各种设置，如图 1-38 所示，用户选择相应的选项即可完成设置。

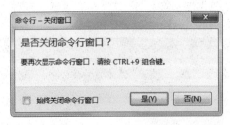

图 1-37　提示对话框

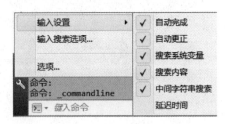

图 1-38　设置菜单

单击命令行窗口左下角的"最近使用的命令"按钮 ，在弹出的菜单中显示各项命令，如图 1-39 所示，单击选择可以调用命令。

1.1.5　布局标签

单击 AutoCAD 2016 工作界面左下角的布局标签（如图 1-40 所示），可以进入布局空间（如图 1-41 所示），系统默认已在布局空间中创建了一个视口，用户可以自行决定使用或者删除。

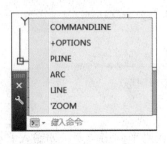

图 1-39　命令菜单

图 1-40　布局标签

在布局标签上右击，弹出如图 1-42 所示的菜单。在菜单中提供了"新建"布局、"删除"布局、"重命名"布局等操作，选择选项即可调用命令。

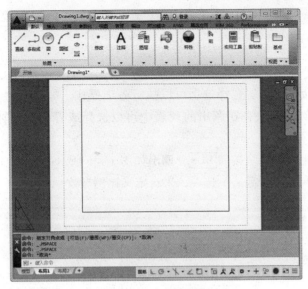

图 1-41　布局空间

在模型空间中，将光标置于布局标签上，可以预览布局空间中的图形内容，如图 1-43 所示。

图 1-42　命令菜单

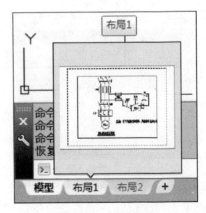

图 1-43　图形预览

1.1.6　状态栏

状态栏位于软件工作界面的右下角，如图 1-44 所示，通过单击命令按钮来调用相关的命令。如单击"模型" 模型 按钮，可以从模型空间转换至图样空间（即布局空间）；单击"显示栅格"按钮 ，可以控制栅格的显示与关闭。

图 1-44　状态栏

在一些命令图标的右侧显示有向下实心三角形箭头，单击箭头，在弹出的菜单中显示了各命令选项，选择选项可以执行各项操作。如单击"极轴追踪"命令按钮右侧的箭头，在调出的列表中可以选择或者设置极轴追踪的角度，如图 1-45 所示。

如单击"比例"命令按钮 1:1，调出如图 1-46 所示的菜单，在其中可以选择比例，也可单击"自定义"选项，来自定义比例参数。

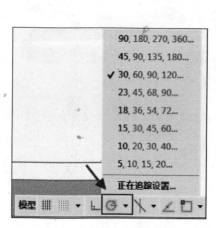

图 1-45　"极轴"命令菜单

图 1-46　"比例"命令菜单

1.2　基　本　操　作

AutoCAD 通过输入命令来执行各项绘图或者编辑操作，命令的输入有各种方式，如通过单击命令按钮，或者在命令行中输入命令代码。本节介绍执行命令的各项基本操作。

1.2.1　命令的输入方式

在 AutoCAD 中有两种输入命令的方式，一种是通过单击面板上的命令按钮，另一种是通过在命令行中输入命令代码来执行。

在"默认"选项卡下显示了多个命令面板，如"绘图"面板、"修改"面板、"注释"面板等，通过单击面板上的各命令按钮，可以调用相应的命令。如通过单击"修改"面板上的"矩形阵列"命令按钮 ▦ 来执行矩形命令；假如单击命令按钮右侧的向下实心箭头，则可通过在弹出的列表中选择"路径阵列"命令按钮 ▧、"环形阵列"命令按钮 ▦ 来执行命令。

AutoCAD 中各命令都有代码，如"直线"命令的代码为 LINE，"圆弧"命令的代码为 ARC，"椭圆"命令的代码为 ELLIPSE，"矩形"命令的代码为 RE-CTANG。在命令行中输入命令代码，可以执行与代码相对应的命令。如输入 RE-CTANG，可以执行"矩形"命令。

为简化操作，AutoCAD 可以自动识别代码的前几位来辨别命令类型，从而完成调用命令的操作。如输入 L 可以执行直线命令，输入 EL 可以执行椭圆命令，输入 REC 可以执行矩形命令。

用户熟记各命令代码后，在绘制图形或者编辑图形时可以事半功倍。

1.2.2　重复、撤销、重做命令

在使用 AutoCAD 工作的过程中，经常需要对命令执行各种操作，如重复执行、撤销正在执行的命令，或者重做命令。

在退出一个命令后，假如需要再次重复执行，单击键盘上的回车键或者空格键即可。或者右击鼠标，在调出的菜单中选择第一项，即"重复 ELLIPSE"，如图 1-47 所示，即可执行"椭圆"命令。

正在执行某个命令时，按下键盘左上角的 Esc 键，可以退出正在执行的命令。

单击快速启动工具栏上的"重做"按钮 ↻，或者在命令行中输入 REDO，可以恢复上一个用 UNDO 或者 U 命令放弃的效果。

图 1-47　右键菜单

1.2.3　鼠标按键

通过单击鼠标按键，可以执行一些常用的命令。当鼠标按键与键盘按键相配合的时候，同样也可以执行命令。鼠标有左、中、右三个按钮，其功能见表 1-1。

表 1-1　　　　　　　　　　　　　鼠标按键功能列表

鼠标键	操作方法	功　能
左键	单击	拾取键
	双击	进入对象特性修改对话框

续表

鼠标键	操作方法	功　能
右键	在绘图区右键单击	快捷菜单或者 Enter 键功能
	Shift+右键	对象捕捉快捷菜单
	在工具栏中右键单击	快捷菜单
中间滚轮	滚动轮子向前或向后	实时缩放
	按住轮子不放和拖曳	实时平移
	Shift+按住轮子不放和拖曳	更改视图方式
	双击	缩放成实际范围

1.3　设置绘图系统

AutoCAD 应用程序的默认配置都是一样的，但是每个用户有不同的使用习惯，因此对 AutoCAD 应用程序进行自定义设置可以符合每个人的使用需求。

本节介绍设置 AutoCAD 应用程序绘图系统的操作方法。

1.3.1　显示配置

设置绘图系统在【选项】对话框中进行，调出【选项】对话框的方法有以下几种。

➢ 单击软件界面左上角的应用程序按钮，单击列表右下角的"选项"按钮，如图 1-48 所示。

➢ 在绘图区空白处右击，在右键菜单中选择"选项"，如图 1-49 所示。

图 1-48　选择"选项"

图 1-49　右键菜单

➢ 在命令行中输入 PREFERENCES 或者 OPTIONS 按下回车键。

执行上述任意一项操作，调出如图 1-50 所示的【选项】对话框。选择"显示"选项卡，在其中的选项组中设置参数以控制各项系统元素的显示。

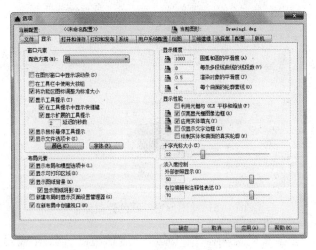

图 1-50　【选项】对话框

1．"窗口元素"选项组

在"窗口元素"选项组中可以控制各窗口元素，如滚动条、功能区图标、显示工具提示等的显示方式。在"配色方案"选项中提供了两种配色方案，即"明"配色与"暗"配色，系统默认选择"暗"配色。

通过选择选项来设置窗口元素的参数，如系统默认勾选"显示工具提示"选项，假如取消勾选，则将鼠标置于面板上的命令按钮时不会弹出命令提示窗口。

单击"颜色"按钮，调出如图 1-51 所示的【图形窗口颜色】对话框。在"界面元素"预览框中选择需要更改颜色的元素，在"颜色"列表中选择颜色，即可为元素设置指定的颜色。假如要撤销所做的颜色更改，单击"恢复传统颜色"即可。

2．"布局元素"选项组

"布局元素"选项组中用来控制布局空间的各元素，如可打印区域、图样背景的显示与否，是否在新布局中创建视口等。通过"选择"选项或者"取消勾选"选项来设置参数。

3．"显示精度"选项组

"显示精度"选项组用来控制图形的显示效果。如在"圆弧和圆的平滑度"

21

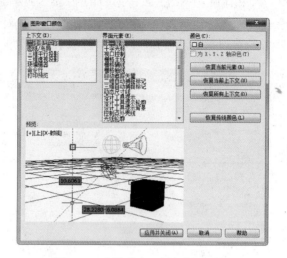

图 1-51 【图形窗口颜色】对话框

选项中，通过设置参数来控制圆形、弧形的显示精度，数值越大，显示得越平滑，但是系统处理的时间也相对更长。

4."显示性能"选项组

"显示性能"选项组用来设置栅格、填充图案、文字边框等的显示与否。当在对大型图样进行编辑修改时，可暂时取消选择"应用实体填充"选项。此时可将填充图案关闭，提高软件的运行速度。在编辑工作完成后，重新选择该项，即可显示填充图案。

在"十字光标大小"选项中输入数值或者调整滑块的位置可以控制十字光标的大小，系统默认其数值为5，用户可根据自己的绘图习惯自定义。

1.3.2 系统配置

在【选项】对话框中选择"系统"选项卡，如图 1-52 所示，在其中可以对系统参数进行设置。单击"图形性能"按钮，调出如图 1-53 所示的【图形性能】对话框。在其中显示了系统的硬件设置、效果设置信息，用户可以选择使用或者关闭某些选项，来控制系统的运行速度。

在"触摸体验""布局重生成选项""常规选项"等选项组中可以对系统的其他参数进行设置，用户在仔细阅读选项内容并综合考虑实际的使用情况后选取。

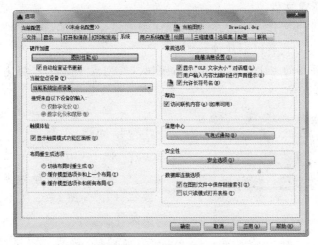

图 1-52　"系统"选项卡

图 1-53　【图形性能】对话框

1.4　文　件　管　理

为适应实际工作中的各项需求，AutoCAD 研发团队为用户设置了各种文件管理的操作方式，如新建文件、保存文件、打开文件等，本节介绍管理文件的各项操作方法。

1.4.1　新建文件

执行新建文件操作，可以在 AutoCAD 中创建一个新的空白文件。

新建文件的方式有以下几种。

➢单击软件界面左上角的应用程序按钮，在列表中选择"新建"|"图形"选项，如图 1-54 所示。

➢单击快速启动工具栏上的"新建"按钮 。

➢按下 Ctrl+N 组合键。

➢单击图形标签右侧的"新图形"按钮 ，如图 1-55 所示，即可创建空白文件。

执行"新建"命令，系统调出如

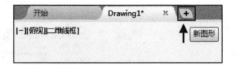

图 1-54　程序菜单　　　　　　　　　图 1-55　单击按钮

图 1-56 所示的【选择样板】对话框。在对话框中提供了各种类型的图形样板，用户可以根据情况来选择。其中，acadiso 是系统默认选择的图形样板。

图 1-56　【选择样板】对话框

1.4.2　保存文件

执行保存文件操作，可将当前图形文件存储至指定的文件夹中，并可自定义文件的名称。

保存文件的方式有以下几种。

➤ 单击软件界面左上角的应用程序按钮，在列表中选择"保存"选项，如图 1-57 所示。

➤ 单击快速启动工具栏上的"保存"按钮 。

➤ 按下 Ctrl+S 组合键。

执行"保存"命令，系统调出如图 1-58 所示的【图形另存为】对话框。在"保存于"选项中设置文件的存储路径，在"文件名"选项中设置图形文件的名称，在"文件类型"选项中选择文件的保存类型，单击"保存"按钮可完成存储操作。

图 1-57　选择"保存"选项

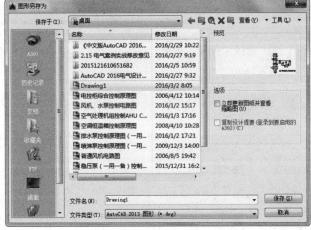

图 1-58　【图形另存为】对话框

1. 4. 3　打开文件

执行打开文件操作，可以打开保存于电脑中的 AutoCAD 图形文件。

打开文件的方式有以下几种。

➤ 单击软件界面左上角的应用程序按钮，在列表中选择"打开"|"图形"选项，如图 1-59 所示。

➤ 单击快速启动工具栏上的"打开"按钮 。

➤ 按下 Ctrl+O 组合键。

执行"打开"命令，系统调出如图 1-60 所示的【选择文件】对话框。在"查找范围"选项中指定文件的所在文件夹，然后可在预览区中显示该文件夹所包含的 AutoCAD 图形文件。单击选中其中的某个图形文件，即可在"文件名"选项中显示文件名称，单击"打开"按钮，可以打开选中的图形文件。

图 1-59　选择"打开"选项

图 1-60　【选择文件】对话框

图 1-61　选择"另存为"选项

1.4.4　另存为

执行另存为图形文件操作，可以将当前图形文件保存至指定区域。与保存图形文件不同，当对文件执行另存为操作后，再对图形文件执行的各项操作均不会影响存储效果。

另存为文件的方式有以下几种。

➤ 单击软件界面左上角的应用程序按钮，在列表中选择"另存为"|"图形"选项，如图 1-61 所示。

➤ 单击快速启动工具栏上的"打开"按钮 。

➤ 按下 Ctrl+Shift+S 组合键。

执行"另存为"命令，系统调出【图形另存为】对话框，在其中设置文件名称以及存储路径，可以完成另存为图形文件的操作。

1.4.5　退出

正确退出 AutoCAD 应用程序的方式有以下几种。

➤ 单击软件界面左上角的应用程序按钮，在列表的右下角选择"退出 Autodesk AutoCAD 2016"选项，如图 1-62 所示。

➤ 单击软件界面右上角的"关闭"按钮 。

图 1-62　应用程序菜单

➢ 按下 Ctrl+Q 组合键。

值得注意的是，在退出 AutoCAD 应用程序前应先保存图形文件，以免造成图形文件信息的丢失。假如未存储图形文件，则系统会弹出如图 1-63 所示的提示对话框，提示用户保存文件。

图 1-63　提示对话框

1.5　管 理 图 层

在 AutoCAD 应用程序中提供了创建图层以及管理图层的命令。通过管理图层的属性，可以控制图层上图形对象的显示，从而为绘图工作提供便利。

1.5.1　创建图层

执行创建图层命令，可以新建一个空白图层，系统将图层名称自定义为"图层 X"（X 是数字编号，按顺序编排）。用户可自定义图层名称。

单击"图层"面板上的"图层特性"按钮，调出如图 1-64 所示的【图层特性管理器】对话框。

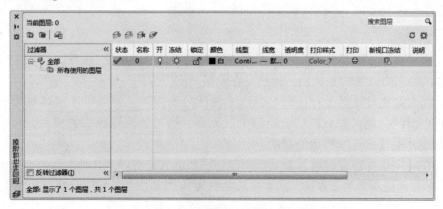

图 1-64　【图层特性管理器】对话框

27

图 1-65　右键菜单

在【图层特性管理器】对话框中创建图层的方式有以下几种。

➤ 单击"新建图层"按钮 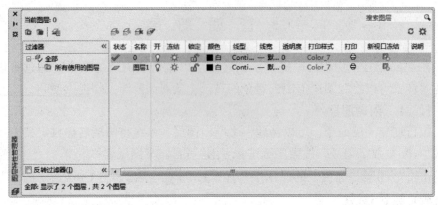。

➤ 在右侧的图层预览区任意空白处右击，在右键菜单中选择"新建图层"选项，如图 1-65 所示。

➤ 按下 Alt+N 组合键。

执行"新建图层"命令后，创建新图层如图 1-66 所示。由于是图形文件中第一个新图层，因此系统将其命名为"图层 1"。假如再接着创建一个新图层，则名称为"图层 2"，以此类推。

1.5.2　设置图层

设置图层的内容包括图层的名称、颜色、线型、线宽。本节介绍设置图层属性的操作方式。

图 1-66　新建图层

1. 名称

系统设置新图层名称的模式为"图层+数字"，即图层 1、图层 2、图层 3 等。这样的命名方式不容易区别，特别是在绘制大型图样的时候。

因此需要对图层进行重命名，以方便区分及查看。如可将图层名称设置为"电气元件"，则可在该图层上绘制电气元件，通过管理该图层的属性，可以达到管理"电气元件"图形的目的。

在【图层特性管理器】对话框中创建图层的方式有以下几种。

➤ 在新图层上单击右键，在右键菜单中选择"重命名图层"选项，如图 1-67 所示。

➢ 按下 F2 键。

执行"重命名图层"操作后，图层名称进入在位编辑状态，此时输入新名称，按下回车键，可以完成重命名图层的操作。

图 1-68 所示为将新图层命名为"电气元件"的操作结果。

2. 颜色

在创建新图层时，系统默认新图层继承当前所选中图层的颜色。如在选中 0 图层的情况下执行新建图层的操作，则新图层会继承 0 图层的颜色，即黑色。

图层的颜色可以自定义。通过单击"颜色"栏下的按钮■白，调出如图 1-69 所示的【选择颜色】对话框。对话框提供了三种配色方式，即"索引颜色""真彩色""配色系统"。

图 1-67　右键菜单

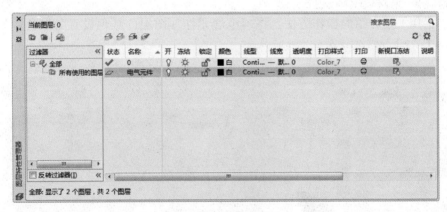

图 1-68　重命名图层

系统默认选择"索引颜色"配色方式，通过单击颜色索引色块，可以为图层选择颜色。或者在"颜色"选项中输入 1~255 之间的 AutoCAD 颜色索引编号，也可以为图层指定颜色。

单击选择"真彩色"选项卡，如图 1-70 所示，通过在左侧的颜色预览区中单击鼠标左键可以指定颜色，调整右侧矩形色带上横轴的位置，可以控制颜色的深浅。在"颜色"选项中输入数字来设置 RGB 颜色值，三个数字使用逗号隔开。

图 1-69 【选择颜色】对话框

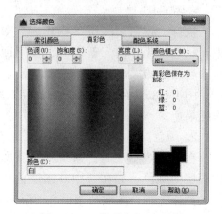

图 1-70 "真彩色"选项卡

选择"配色系统"选项卡，如图 1-71 所示，在"配色系统"中选择配色方式，预览区中的颜色色块会发生相应的变化，调整右侧色带上横轴的位置，可以更改左侧预览区中颜色色块的显示。

沿用上述介绍的操作方法，将"电气元件"图层的颜色设置为红色，结果如图 1-72 所示。

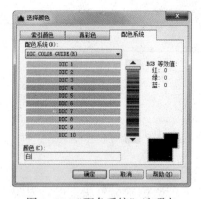

图 1-71 "配色系统"选项卡

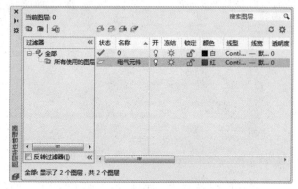

图 1-72 设置图层颜色

3. 线型

图层线型默认为细实线，用户可以自定义图层的线型。单击"线型"栏下的按钮 Conti...，调出如图 1-73 所示的【选择线型】对话框，在对话框中显示当前图形中已加载的线型列表。

单击"加载"按钮，在如图 1-74 所示的【加载和重载线型】对话框中的"可用线型"列表中显示当前图形中所有可用的线型。单击选择线型，单击"确定"按钮返回【选择线型】对话框。

图 1-73　【选择线型】对话框　　　　　图 1-74　【加载和重载线型】对话框

此时可在【选择线型】对话框中显示已加载的线型，如图 1-75 所示。单击"确定"按钮，即可为选定的图层设置线型，如图 1-76 所示。

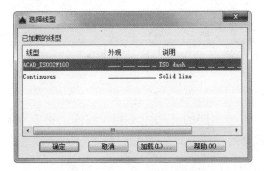

图 1-75　显示已加载的线型

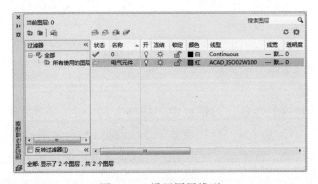

图 1-76　设置图层线型

4. 线宽

系统默认新建图层的线型类型为"默认",用户可自定义线宽类型。单击"线宽"栏下的按钮 —— 默认 ,调出如图 1-77 所示的【线宽】对话框,在"线宽"列表中显示了各类线宽类型。

在列表中单击选择线宽类型,单击"确定"按钮关闭对话框,可以完成修改图层线宽的操作,如图 1-78 所示。

图 1-77 【线宽】对话框

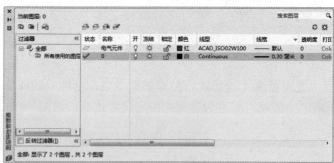

图 1-78 设置图层线宽

1.5.3 控制图层

控制图层的内容包括图层的开/关、冻结/解冻、锁定/解锁、打印/不打印,本节介绍控制图层状态的操作方式。

1. 开/关图层

在【图层特性管理器】对话框中的"开"栏中单击"开/关"按钮 💡,可以控制图层的开启与关闭。当图层为关闭状态时,"开/关"按钮图标显示为 💡,位于关闭图层上的图形被隐藏。

再次单击"开/关"按钮,当其图标显示为 💡 时,可以重新开启图层,此时图层上的图形也可重新显示。

2. 冻结/解冻

单击【图层特性管理器】对话框中"冻结"栏中的"冻结/解冻"按钮 ❄,可以冻结或者解冻图层。当图标按钮显示为 ❄ 时,表示该图层被冻结,位于该图层上的图形被隐藏。待重新解冻图层,可以恢复图形的显示。

3. 锁定/解锁

单击"锁定"栏下的"锁定/解锁"按钮 🔓,可以锁定或者解锁图层。当"锁定/解锁"图标按钮显示为 🔒 时,表示该图层被锁定,位于该图层上的图形显示暗淡，可以被选中，但是不能对其进行编辑。待解锁图层，可以恢复对图形文件的编辑操作。

4. 打印/不打印

在绘制图形的过程中，有时候会需要一些辅助图形来帮助绘图工作的顺利进行，如辅助线等。这些图形不需要打印输出，逐个删除又费时费力。

这时候可以在"打印/不打印"栏下单击命令按钮，待图标转换为时，即该图层上的图形被禁止打印。所以用户在绘图的过程中要记得为每类图形创建相对应的图层，可以提高编辑图形的效率，有事半功倍的效果。

在"状态"栏下单击按钮图标，待图标显示为时，表示该图层为当前图层。用户所执行的各项操作均在该图层上执行，并继承该图层的属性，如颜色、线型、线宽等。

1.6　绘图辅助工具

绘图的辅助工具被分为两类，一类为显示控制工具，另一类为精确定位工具，本节介绍这两类工具的使用方法。

1.6.1　显示控制工具的运用

显示控制工具有两种，一种是缩放，另一种是平移，这两类是最为常用的看图工具。

1. "缩放"工具

在绘图区中空白区域右击，在弹出的右键菜单中选择"缩放"选项，如图1-79所示，待光标转换为放大镜图标时，按住鼠标左键不放，来回拖动鼠标可以放大或缩小图形。

查看图形完毕，右击，在右键菜单中选择"退出"选项，如图1-80所示，可以退出缩放操作。

图1-79　"右键"菜单

图1-80　选择"退出"选项

在命令行中输入 ZOOM 按下回车键，命令行提示如下。

命令:_zoom↙

指定窗口的角点，输入比例因子（nX 或 nXP），或者［全部（A）/中心（C）/动态（D）/范围（E）/上一个（P）/比例（S）/窗口（W）/对象（O）］<实时>:

按 Esc 或 Enter 键退出，或右击显示快捷菜单。

通过输入选项后的字母代码，可以选择不同的缩放方式来查看图形。如输入 A 选择"全部"选项，即可显示全部图形；输入 C 选择"中心"选项，可以通过指定中心点以及比例高度来缩放图形。

2. "平移"工具

通过在绘图区空白区域右击，在右键菜单中选择"平移"选项，如图 1-81 所示，待光标转换为手掌图标时，按住鼠标左键不放，来回移动鼠标即可移动并查看图形。此时再次在空白区域右击，在弹出的菜单中选择"退出"选项，即可退出"平移"查看图形的操作。

图 1-81　选择"平移"选项

在命令行中输入 PAN 按下回车键，也可以执行平移操作。

1.6.2　精确定位工具的运用

本节介绍精确定位工具的使用，分别是捕捉与栅格、对象捕捉、栅格以及正交等。这些工具的参数都在【草图设置】对话框中设置。

1. "捕捉"工具与"栅格"工具

通过开启"捕捉"功能，可以准确地捕捉到栅格点，为绘制或者编辑图形提供定位作用。在通常情况下，"捕捉"工具与"栅格"工具是配合使用的。

开启"捕捉"工具的方式如下。

➤ 快捷键：F9 键。

➤ 状态栏：单击状态栏上的"捕捉"按钮▦。

开启"栅格"工具的方式如下。

➤ 快捷键：F7 键。

➤ 状态栏：单击状态栏上的"栅格"按钮▦。

单击"捕捉"按钮▦右侧的向下实心箭头，在调出的列表中选择"捕捉设置"选项，如图 1-82 所示。此时系统调出如图 1-83 所示的【草图设置】对话框，选择"捕捉和栅格"选项卡。

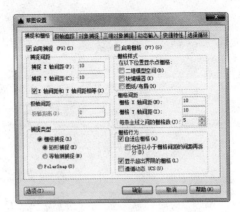

图 1-82　选择"捕捉设置"选项　　　　图 1-83　"捕捉和栅格"选项卡

在"捕捉间距"选项组下可以设置 X 轴和 Y 轴的捕捉间距，勾选"X 轴间距和 Y 轴间距相等"选项，则 X 轴与 Y 轴之间的栅格间距相一致。

在"栅格间距"选项组下可设置栅格 X 轴与 Y 轴间距，系统默认每条主线之间的栅格数为 5，用户可以自定义该数值。

2."正交"工具

启用"正交"功能，可以控制鼠标仅在两个方向上运行，即水平方向与垂直方向，在绘制垂直线段或者水平线段时尤为有用。

开启"正交"工具的方式如下。

➢ 快捷键：F8 键。

➢ 状态栏：单击状态栏上的"正交"按钮 。

3."极轴追踪"工具

启用"极轴追踪"功能，可以使鼠标在任意方向上移动，还可通过设置极轴角的度数来为绘制任意角度的线段提供方便。

开启"极轴追踪"工具的方式如下。

➢ 快捷键：F10 键。

➢ 状态栏：单击状态栏上的"极轴追踪"按钮 。

在【草图设置】对话框中选择"极轴追踪"选项卡，如图 1-84 所示，在"增量角"列表下单击选择增量角的类型。或者勾选"附加角"选项，单击"新建"按钮，可以自定义角度的度数。

4."对象捕捉"工具

启用"对象捕捉"功能，可以准确地捕捉到图形对象上的特征点，如圆心、端点等，为编辑图形提供方便。

图 1-84 "极轴追踪"选项卡

按下 F3 键，可以开启"对象捕捉"功能。在【草图设置】对话框中选择"对象捕捉"选项卡，如图 1-85 所示，在"捕捉模式"列表中显示了各类图形特征点，通过勾选选项来设置对象捕捉类型。

勾选"启用对象捕捉追踪"选项，可以在捕捉对象特征点时引出捕捉追踪线，如图 1-86 所示，从而更准确地定位图形。

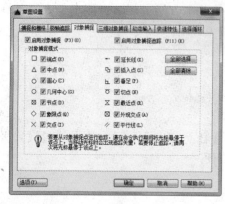

图 1-85 "对象捕捉"选项卡

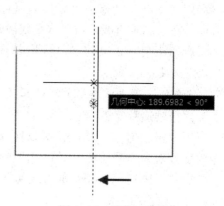

图 1-86 捕捉追踪线

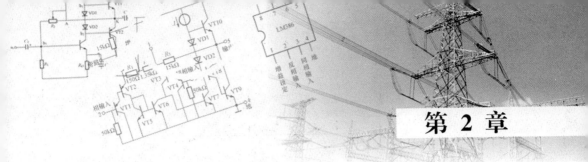

第 2 章

二维绘图与编辑命令

绘图与编辑命令是 AutoCAD 最基本也是最重要的命令，用户通过执行这两类命令得以完成绘图工作。其中，绘图命令包括直线命令、圆命令、矩形命令等，编辑命令包括修改命令、移动命令、延伸命令等，掌握并运用这些命令，对于使用 AutoCAD 进行设计绘图工作至关重要。

本章介绍绘图与编辑命令的使用方法。

2.1 基本二维绘图命令

二维绘图命令可以划分为两类，一类为基本的绘图命令，另一类为复杂的二维绘图命令。本节介绍这两类绘图命令的操作方法。

2.1.1 点

通过调用点命令，可以创建单点或者多点。

在命令行中输入 PO 按下回车键，在绘图区中单击即可创建单点。

单击"绘图"面板上的"多点"按钮，通过在绘图区中重复地单击指定点的位置来创建多点。

1. 定数等分点

通过调用定数等分点命令，可在指定距离内创建等间距的点对象。

定数等分命令的调用方式有以下两种。

➢ 面板：单击"绘图"面板上的"定数等分"命令按钮。

➢ 命令行：在命令行中输入 DIVIDE/DIV 并按下回车键。

执行上述任意一项操作，命令行提示如下。

```
命令:DIV↙
DIVIDE
选择要定数等分的对象:          //选择矩形边;
输入线段数目或[块(B)]:5       //输入等分数目按下回车键,将线段等分为5份的结果
                              如图2-1所示。
```

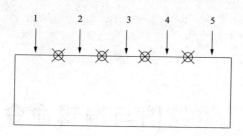

图 2-1　定数等分

2. 定距等分

通过调用定距等分命令，可以按照指定的距离等分目标对象。

定距等分命令的调用方式有以下两种。

➤ 面板：单击"绘图"面板上的"定距等分"命令按钮 。

➤ 命令行：在命令行中输入 MEASURE/ME 并按下回车键。

执行上述任意一项操作，命令行提示如下。

命令:ME↙

MEASURE

选择要定距等分的对象：　　　　　//选择矩形边；

指定线段长度或[块(B)]:200　　//指定线段长度，按指定距离将线段等分的结果如

图 2-2 所示。

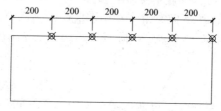

图 2-2　定距等分

2.1.2　直线

通过调用直线命令，不仅可以绘制垂直线段与水平线段，还可以在任意方向上创建线段。

直线命令的调用方式有以下两种。

➤ 面板：单击"绘图"面板上的"直线"命令按钮 。

➤ 命令行：在命令行中输入 LINE/L 并按下回车键。

执行上述任意一项操作，命令行提示如下。

命令:L↙

LINE

指定第一点：

指定下一点或[放弃(U)]：500

指定下一点或 [放弃 (U)]：1000

指定下一点或 [闭合 (C)/放弃 (U)]：500

指定下一点或 [闭合 (C)/放弃 (U)]：C

通过输入距离来指定各点，绘制直线的结果如图2-3所示。

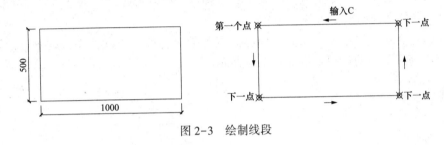

图2-3 绘制线段

2.1.3 实例——绘制报警器

本节通过讲解报警器图例的绘制步骤，综合介绍直线命令、定数等分命令的操作方法。

图2-4 选择极轴追踪角度

（1）单击状态栏上的"极轴追踪"按钮 ，在弹出的列表中选择极轴追踪角度，如图2-4所示。

（2）执行L"直线"命令，绘制长度为500的斜线，如图2-5所示。

图2-5 绘制斜线

（3）按下回车键再次执行L"直线"命令，在斜线的右侧绘制如图2-6所示的线段。

（4）重复上述操作，绘制水平线段连接两段斜线，结果如图2-7所示。

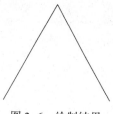

图 2-6 绘制结果

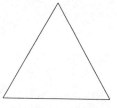

图 2-7 绘制水平线段

（5）执行 DIV "定数等分"命令，选择水平线段为等分对象，设置等分数目为 3，等分操作如图 2-8 所示。

（6）调用 L "直线"命令，以等分点为起点，绘制长度为 200 的垂直线段，完成报警器图例的绘制结果如图 2-9 所示。

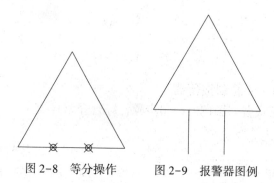

图 2-8 等分操作

图 2-9 报警器图例

2.1.4 圆

通过调用圆命令，可以通过指定圆心以及半径来创建圆形。

圆命令的调用方式有以下两种。

➤ 面板：单击"绘图"面板上的"圆"命令按钮 ⊘。

➤ 命令行：在命令行中输入 CIRCLE/C 并按下回车键。

执行上述任意一项操作，命令行提示如下。

命令:C↙
CIRCLE
指定圆的圆心或[三点(3P)/两点（2P）/切点、切点、半径（T）]:
                    //单击指定圆心；
指定圆的半径或［直径（D）]:500   //输入半径值，绘制圆形的结果如图 2-10
                                所示。

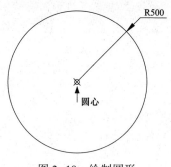

图 2-10　绘制圆形

2.1.5　矩形

调用矩形命令，可以通过指定矩形参数，如长度、宽度、旋转角度等来创建矩形多段线。

矩形命令的调用方式有以下两种。

➢ 面板：单击"绘图"面板上的"矩形"命令按钮▢。

➢ 命令行：在命令行中输入 RECTANG/REC 并按下回车键。

执行上述任意一项操作，命令行提示如下。

命令:REC↙
RECTANG
指定第一个角点或[倒角(C)/标高（E)/圆角（F)/厚度（T)/宽度（W)]:
指定另一个角点或［面积（A)/尺寸（D)/旋转（R)]:

单击左键分别指定矩形的第一个角点和另一个角点，即可完成创建矩形的操作，如图 2-11 所示。

图 2-11　绘制矩形

2.1.6　多边形

调用多边形命令，通过指定各种参数，如边数、半径等来创建多边形。

多边形命令的调用方式有以下两种。

➢ 面板：单击"绘图"面板上的"多边形"命令按钮⬠。

➢ 命令行：在命令行中输入 POLYGON 并按下回车键。

执行上述任意一项操作，命令行提示如下。

命令：_polygon ↙

输入侧面数<4>：6

指定正多边形的中心点或［边（E）］：   //单击指定圆心；

输入选项［内接于圆（I）/外切于圆（C）］<I>：I //系统默认选择"内接于圆"
                   选项；

指定圆的半径：350   //输入半径值，绘制多边形的
                   结果如图 2-12 所示。

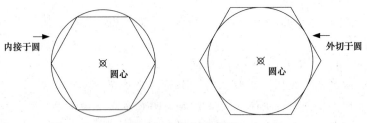

图 2-12 绘制多边形

绘制"内接于圆"类型的多边形，其顶点与圆形相接。选择"外切于圆
（C）"选项，可以创建边数与圆形相切的多边形。其中，圆形的半径要与多边
形的半径相一致，即 $R=350$。

2.1.7 椭圆

绘制椭圆有三种方法，分别为圆心，轴、端点，椭圆弧。

1．圆心

选择"圆心"方法来绘制椭圆，通过指定中心点、第一个轴的端点和第二
个轴的长度来创建椭圆。

命令的调用方式有以下两种。

➢ 面板：单击"绘图"面板上的"圆心"命令按钮◉。

➢ 命令行：在命令行中输入 ELLIPSE 并按下回车键。

执行上述任意一项操作，命令行提示如下。

命令：EL ↙

ELLIPSE

指定椭圆的轴端点或［圆弧(A)/中心点（C）］：C //输入C，选择"中心点（C）"
                   选项；

指定椭圆的中心点：

指定轴的端点：

指定另一条半轴长度或［旋转（R）］：

单击指定椭圆的中心点，向右移动鼠标，单击指定轴的端点，向上移动鼠标，单击指定半轴长度，按下回车键，创建椭圆的结果如图2-13所示。

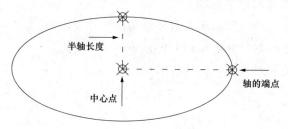

图2-13 通过指定圆心创建椭圆

2. 轴、端点

选择"轴、端点"方法来绘制椭圆，通过指定椭圆上的前两个点来确定第一条轴的位置和长度，接着指定第三个点来确定椭圆的圆心与第二条轴的端点之间的距离。

命令的调用方式有以下两种。

➢ 面板：单击"绘图"面板上的"轴、端点"命令按钮 ；

➢ 命令行：在命令行中输入ELLIPSE并按下回车键。

执行上述任意一项操作，命令行提示如下。

命令:EL↙

ELLIPSE

指定椭圆的轴端点或[圆弧(A)/中心点（C）]：

指定轴的另一个端点：

指定另一条半轴长度或［旋转（R）］：

单击指定轴端点，向右移动鼠标，单击指定轴的另一个端点，接着向上移动鼠标，单击指定半轴的长度，创建椭圆的结果如图2-14所示。

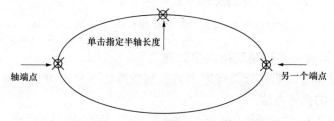

图2-14 通过指定轴、端点创建椭圆

3. 椭圆弧

选择"椭圆弧"的方法来绘制椭圆，通过指定椭圆弧上的前两个点确定第一条轴的位置和长度，指定第三个点确定椭圆弧的圆心与第二条轴的端点之间的距离，接着分别确定第四个和第五个点确定起点和端点的角度。

命令的调用方式有以下两种。

➤ 面板：单击"绘图"面板上的"椭圆弧"命令按钮 。

➤ 命令行：在命令行中输入 ELLIPSE 并按下回车键。

执行上述任意一项操作，命令行提示如下。

命令:EL↙
ELLIPSE
指定椭圆的轴端点或[圆弧(A)/中心点（C）]：A　　　　//输入 A 选择"椭圆弧（A）"
　　　　　　　　　　　　　　　　　　　　　　　　　选项。

指定椭圆弧的轴端点或［中心点（C）]：
指定轴的另一个端点：
指定另一条半轴长度或［旋转（R）]：
指定起点角度或［参数（P）]：
指定端点角度或［参数（P）/夹角（I）]：

单击指定轴端点，向右移动鼠标，单击指定另一个轴端点，接着向下移动鼠标，单击指定半轴长度，鼠标向左上角移动，单击指定起点角度，接着鼠标逆时针移动，单击指定端点角度，即可完成创建椭圆弧的操作，结果如图 2-15 所示。

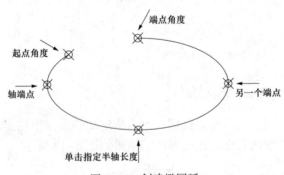

图 2-15　创建椭圆弧

2.1.8　实例——绘制瓦斯保护器件

本节通过介绍瓦斯保护器件图例的绘制步骤，综合讲解矩形命令、直线命令、椭圆命令的操作方法。

（1）执行 REC"矩形"命令，绘制尺寸为 350×450 的矩形，如图 2-16

所示。

（2）调用 L"直线"命令，分别点取矩形左侧边的中点与右侧边的中点，绘制水平线段连接两条边，结果如图 2-17 所示。

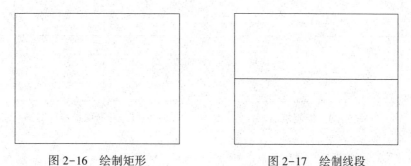

图 2-16　绘制矩形　　　　　　　　图 2-17　绘制线段

（3）调用 EL"椭圆"命令，命令行提示如下：

命令:EL↙

ELLIPSE

指定椭圆的轴端点或［圆弧(A)/中心点（C)]：

指定轴的另一个端点：200

指定另一条半轴长度或［旋转（R)]：35

（4）创建椭圆的结果如图 2-18 所示。

（5）执行 L"直线"命令，绘制高度为 45 的垂直线段结果如图 2-19所示。

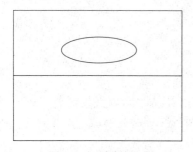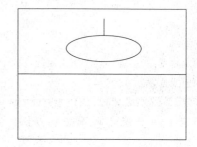

图 2-18　绘制椭圆　　　　　　　　图 2-19　绘制垂直线段

（6）执行 REC"矩形"命令，绘制尺寸为 100×80 的矩形，如图 2-20所示。

（7）调用 L"直线"命令，绘制长度为 80 的水平线段，完成瓦斯保护器件图例的绘制结果如图 2-21 所示。

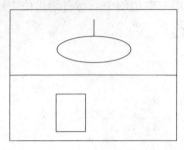

图 2-20 绘制矩形

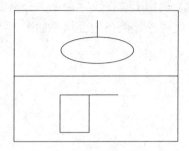

图 2-21 瓦斯保护器件图例

2.2 复杂二维绘图命令

复杂二维绘图命令包括多段线、样条曲线、填充图案，以下介绍这些命令的调用方法。

2.2.1 多段线

通过调用多段线命令，可以创建相互连接的线段序列，还可创建直线段、圆弧段或者两者的组合线段。

多段线命令的调用方式有以下两种。

➢ 面板：单击"绘图"面板上的"多段线"命令按钮 。

➢ 命令行：在命令行中输入 PLINE/PL 并按下回车键。

执行上述任意一项操作，命令行提示如下。

命令:PL↙

PLINE

指定起点：　　　　　//指定起点;

当前线宽为 0.0000

指定下一个点或[圆弧(A)/半宽(H)/长度(L)/放弃(U)/宽度(W)]：200

指定下一点或 [圆弧（A）/闭合（C）/半宽（H）/长度（L）/放弃（U）/宽度（W）]：200

指定下一点或 [圆弧（A）/闭合（C）/半宽（H）/长度（L）/放弃（U）/宽度（W）]：400

指定下一点或 [圆弧（A）/闭合（C）/半宽（H）/长度（L）/放弃（U）/宽度（W）]：200

指定下一点或 [圆弧（A）/闭合（C）/半宽（H）/长度（L）/放弃（U）/宽度

（W）]：200

           //分别指定各点的距离值；

  指定下一点或 ［圆弧（A）/闭合（C）/半宽（H）/长度（L）/放弃（U）/宽度（W）：
           //按下回车键，绘制多段线的结果如图2-22所示。

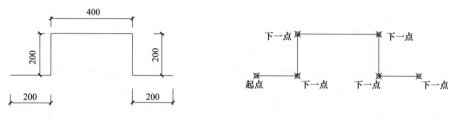

图2-22 绘制多段线

2.2.2 实例——绘制电喇叭

本节讲解电喇叭图例符号的绘制步骤，综合介绍多段线命令、直线命令的操作方法。

（1）执行PL"多段线"命令，命令行提示如下：

命令:PL↙

PLINE

指定起点：

当前线宽为 0.0000

指定下一个点或[圆弧(A)/半宽（H）/长度（L）/放弃（U）/宽度（W）]：65
           //鼠标向左移动，输入距离参数；

指定下一点或 ［圆弧（A）/闭合（C）/半宽（H）/长度（L）/放弃（U）/宽度（W）]：
200   //鼠标向下移动，输入距离参数；

指定下一点或 ［圆弧（A）/闭合（C）/半宽（H）/长度（L）/放弃（U）/宽度（W）]：65
           //鼠标向右移动，输入距离参数；

指定下一点或 ［圆弧（A）/闭合（C）/半宽（H）/长度（L）/放弃（U）/宽度（W）]：C
           //鼠标向上移动，输入C。

（2）绘制矩形多段线的结果如图2-23所示。

（3）调用 L"直线"命令，绘制高度为80的垂直线段，结果如图2-24所示。

（4）调用PL【多段线】命令，绘制如图2-25所示的线段，以完成电喇叭图例的绘制。

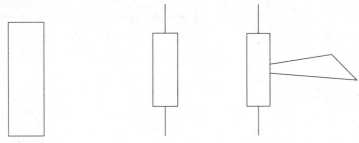

图 2-23　绘制矩形多段线　　图 2-24　绘制线段　　图 2-25　电喇叭图例

2.2.3　样条曲线

通过调用样条曲线命令，可以通过指定拟合点的位置来绘制样条曲线图形。
样条曲线命令的调用方式有以下两种。

➢ **面板**：单击"绘图"面板上的"样条曲线拟合"命令按钮 ；

➢ **命令行**：在命令行中输入 SPLINE/SPL 并按下回车键。

执行上述任意一项操作，命令行提示如下。

命令:SPL↙
SPLINE
当前设置:方式=拟合　节点=弦
指定第一点或[方式(M)/节点（K)/对象（O)]:　　　　　　//指定第一点;
指定一点或 [起点切向（T)/公差（L)]:
指定一点或 [端点相切（T)/公差（L)/放弃（U)]:
指定一点或 [端点相切（T)/公差（L)/放弃（U)/闭合（C)]:
指定一点或 [端点相切（T)/公差（L)/放弃（U)/闭合（C)]:
……　　　　　　　//移动鼠标陆续指定各个点，绘制样条曲线的结果如图 2-26 所示。

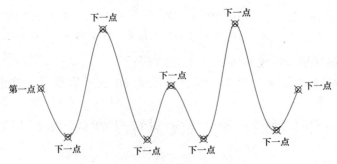

图 2-26　绘制样条曲线

2.2.4 填充图案

调用填充图案命令，通过设置各项参数，如类型、比例、角度等来绘制填充图案。

填充图案命令的调用方式有以下两种。

➢ 面板：单击"绘图"面板上的"图案填充"命令按钮🔲。

➢ 命令行：在命令行中输入 HATCH/H 并按下回车键。

执行上述任意一项操作后，填充面板如图 2-27 所示。系统默认选择"拾取点"的方式，在图案列表中选择图案类型，在"特性"面板中设置比例🔲大小以及角度值 角度 ⃞ 0 ⃞，按下回车键可完成填充操作。

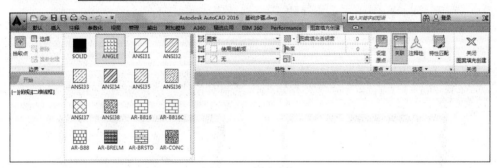

图 2-27 填充面板

同时命令行提示如下。

命令:H↙

HATCH

拾取内部点或[选择对象(S)/放弃(U)/设置(T)]：正在选择所有对象...

        //在填充区域内单击；

正在选择所有可见对象...

正在分析所选数据...

正在分析内部孤岛...

拾取内部点或[选择对象(S)/放弃(U)/设置(T)]：

        //按下回车键，填充结果如图 2-28 所示。

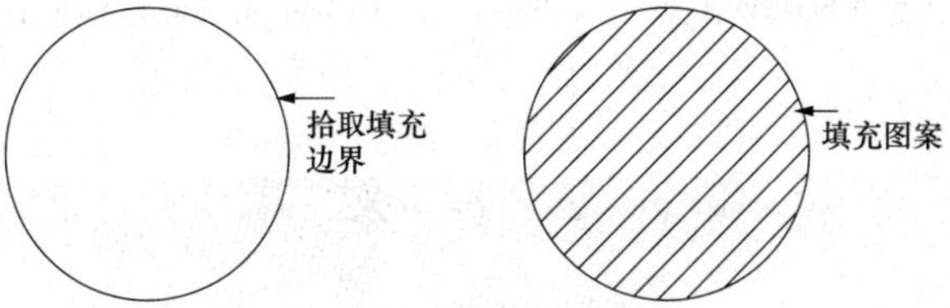

拾取填充边界 ← ← 填充图案

图 2-28 绘制填充图案

49

2.2.5　实例——绘制落地交接箱

本节讲解落地交接箱图例的绘制步骤，综合介绍设置矩形宽度、尺寸的方法以及填充命令的操作方法。

（1）调用 REC【矩形】命令，命令行提示如下：

```
命令:REC↙
RECTANG
指定第一个角点或[倒角(C)/标高 (E)/圆角 (F)/厚度 (T)/宽度(W)]：W
指定矩形的线宽<0.0000>：20
指定第一个角点或 [倒角 (C)/标高 (E)/圆角 (F)/厚度 (T)/宽度 (W)]：
指定另一个角点或 [面积 (A)/尺寸 (D)/旋转 (R)]：D
指定矩形的长度<100.0000>：450
指定矩形的宽度<80.0000>：170
指定另一个角点或 [面积 (A)/尺寸 (D)/旋转 (R)]：
```

（2）绘制矩形的结果如图 2-29 所示。

（3）执行 L "直线" 命令，在矩形内绘制对角线，结果如图 2-30 所示。

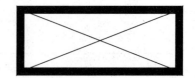

图 2-29　绘制矩形　　　　　　　　图 2-30　绘制对角线

（4）调用 H "图案填充" 命令，在 "图案" 面板上选择 SOLID 图案，如图 2-31 所示。

（5）在矩形中点取填充区域，完成落地交接箱的绘制结果如图 2-32 所示。

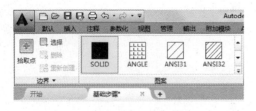
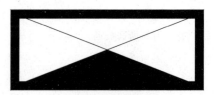

图 2-31　选择 SOLID 图案　　　　　　图 2-32　落地交接箱

2.3　选　择　对　象

AutoCAD 应用程序提供了多种选择对象的方式供用户使用，包括点选、框选、围选、栏选等，本节介绍这些选择方式的运用。

2.3.1　点选对象

AutoCAD 中一般使用点选方式来直接选中对象来进行各项操作。将光标置于图形对象之上，单击即可选中对象，如图 2-33 所示。

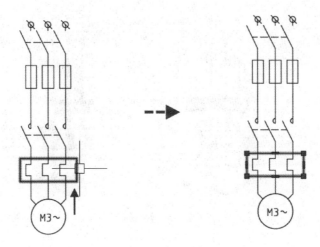

图 2-33　点选对象

2.3.2　框选对象

通过在图形对象上拖出矩形选框来选择对象称为框选。

框选图形有两种方式。一种是从左上角至右下角拖出选框，选框的轮廓线为细实线，颜色为蓝色。此时全部位于选框内的图形被选中，如图 2-34 所示。

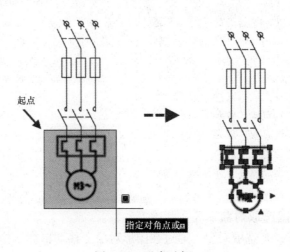

图 2-34　蓝色选框

51

另一种是从右下角至左上角拖出选框，选框的轮廓线为虚线，颜色为青色。即使图形对象未全部位于选框内，仅与选框边界相交，图形也会被选中。如图 2-35 所示的电气图中表示电动机图例的圆形仅部分位于选框中，但是也会被选中。

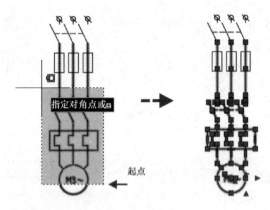

图 2-35　青色选框

2.3.3　栏选对象

使用栏选的方式选择图形，需要用户自定义选框的边界，与边界相交的图形被选中。

在命令行中输入 SELECT，命令行提示如下。

命令:SELECT↙
选择对象:?　　　　　　　　　　　　　　　　　　　//在命令行中输入?;
需要点或窗口(W)/上一个 (L)/窗交 (C)/框 (BOX)/全部 (ALL)/栏选 (F)/圈围
(WP)/圈交 (CP)/编组 (G)/添加 (A)/删除 (R)/多个 (M)/前一个 (P)/放弃 (U)/自动
(AU)/单个 (SI)/子对象 (SU)/对象 (O)
选择对象: F　　　　　　　　　　　　　　　　　//输入F，选择"栏选 (F)"选项;
指定第一个栏选点或拾取/拖动光标:
指定下一个栏选点或 [放弃 (U)]:
指定下一个栏选点或 [放弃 (U)]:
指定下一个栏选点或 [放弃 (U)]:　　　　　　　//在图形上移动鼠标来指定选框边界;
指定下一个栏选点或 [放弃 (U)]: 找到 5 个　　　//按下回车键，栏选对象的结果如
　　　　　　　　　　　　　　　　　　　　　　　图 2-36 所示。

2.3.4　圈围选取对象

使用圈围方式来选取对象，通过在图形对象上移动鼠标来指定圈围点以创建选框，只有全部位于选框内的图形才能被选中，如图 2-37 所示，仅与选框边界

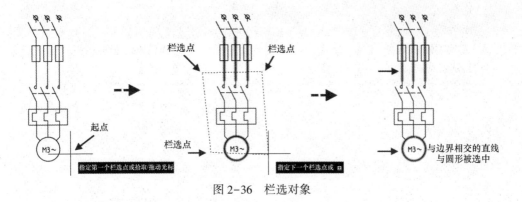

图 2-36　栏选对象

相交的图形不能被选中。

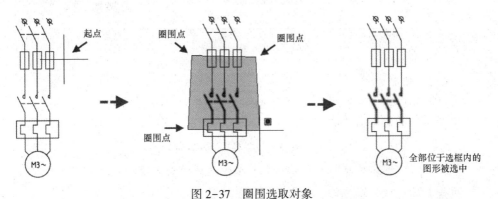

图 2-37　圈围选取对象

2.4　二维编辑命令

通过调用编辑命令来对图形执行一系列修改操作，如复制、偏移、旋转等。使用不同的编辑命令会得到不同的结果。本节介绍 AutoCAD 中二维编辑命令的操作方法。

2.4.1　移动命令

调用移动命令，可以按照指定的距离值来调整图形的位置。

移动命令的调用方式有以下两种。

➢ **面板：**单击"修改"面板上的"移动"命令按钮 ✛。

➢ **命令行：**在命令行中输入 MOVE/M 并按下回车键。

执行上述任意一项操作，命令行提示如下：

命令:M↙

MOVE

选择对象:找到 1 个　　　　　　　　　　　　//选择保护接地图形;

指定基点或[位移(D)] <位移>:　　　　　　//单击指定基点;

指定第二个点或<使用第一个点作为位移>: 400　　　//向右移动鼠标,输入距离值,按
　　　　　　　　　　　　　　　　　　　　　　下回车键,移动图形的结果如图
　　　　　　　　　　　　　　　　　　　　　　2-38 所示。

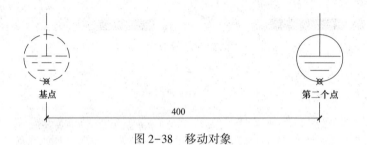

图 2-38　移动对象

2.4.2　旋转命令

通过调用旋转命令,可以按照指定的角度值来调整图形的角度。

旋转命令的调用方式有以下两种。

➤面板:单击"修改"面板上的"旋转"命令按钮 。

➤命令行:在命令行中输入 ROTATE/RO 并按下回车键。

执行上述任意一项操作,命令行提示如下。

命令:RO↙

ROTATE

UCS 当前的正角方向: ANGDIR=逆时针　ANGBASE=0

选择对象:找到 1 个　　　　　　　　//选择垂直线段;

指定基点:

指定旋转角度,或[复制(C)/参照 (R)] <0>: -30
　　　　　　　　　　　　　　//输入角度值按下回车键可完成旋转操作。

继续执行上述操作,对线段执行旋转操作,完成接机壳或接地板图例的绘制
结果如图 2-39 所示。

2.4.3　复制命令

调用复制命令,可以得到多个对象副本。

复制命令的调用方式有以下两种。

➤面板:单击"修改"面板上的"复制"命令按钮 。

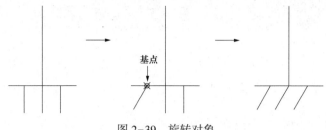

图 2-39 旋转对象

➢命令行：在命令行中输入 COPY/CO 并按下回车键。

执行上述任意一项操作，命令行提示如下。

命令:CO↙

COPY

选择对象:找到 1 个 //选择圆形;

当前设置： 复制模式=多个

指定基点或[位移(D)/模式(O)] <位移>: //单击圆心;

指定第二个点或［阵列(A)］<使用第一个点作为位移>:向右移动鼠标,单击左键确定

第二个点，复制图形的结果如图 2-40 所示。

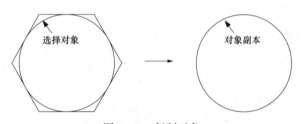

图 2-40 复制对象

2.4.4 实例——绘制配电屏

本节讲解配电屏图例的绘制方法，综合介绍圆命令、移动命令、复制命令的操作方法。

(1) 执行 C "圆" 命令，绘制半径为 50 的圆形，结果如图 2-41 所示。

(2) 执行 MT "多行文字" 命令，在圆形内绘制标注文字 A，结果如图 2-42 所示。

(3) 执行 REC "矩形" 命令，绘制尺寸为 100×250 的矩形，结果如图 2-43 所示。

(4) 调用 C "圆" 命令，在矩形内绘制半径为 20 的圆形，结果如图 2-44 所示。

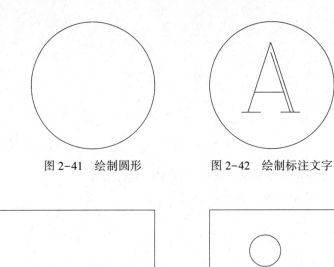

图 2-41 绘制圆形   图 2-42 绘制标注文字

图 2-43 绘制矩形 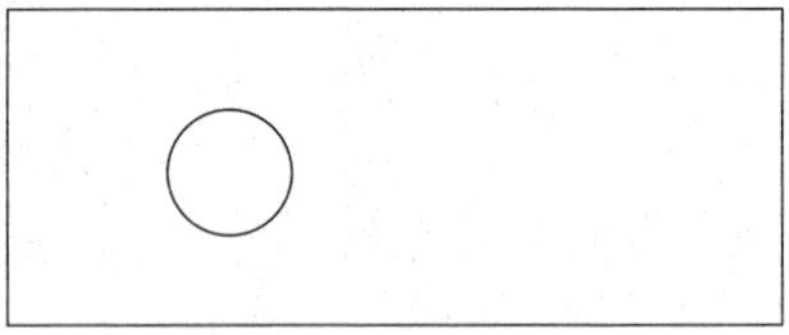   图 2-44 绘制圆形

（5）执行 CO"复制"命令，选择圆形向右移动复制，结果如图 2-45 所示。

（6）执行 M"移动"命令，选择圆形及标注文字，将其移动至矩形的上方，完成配电屏图例的绘制结果如图 2-46 所示。

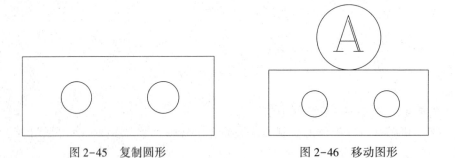

图 2-45 复制圆形   图 2-46 移动图形

2.4.5 镜像命令

调用镜像命令，可以沿着指定的镜像线创建对象的另一半或者对象副本。镜像命令的调用方式有以下两种。

➢ 面板：单击"修改"面板上的"镜像"命令按钮⚐。

➢ 命令行：在命令行中输入 MIRROR/MI 并按下回车键。

执行上述任意一项操作，命令行提示如下。

命令:MI↙

MIRROR

选择对象:

指定对角点:找到 2 个

选择对象:

指定镜像线的第一点:

指定镜像线的第二点: //分别单击指定第一点和第二点;

要删除源对象吗? [是(Y)/否 (N)] <否>: N //输入 N 选择"否 (N)"选项,镜像

                 复制图形的结果如图 2-47 所示。

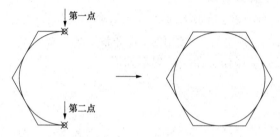

图 2-47　镜像复制图形

选择"否 (N)",则镜像复制后保留源对象;选择"是 (Y)",源对象在镜像复制后即被删除。

2.4.6　拉伸命令

调用拉伸命令,可以拉伸窗交窗口部分包围的对象。

拉伸命令的调用方式有以下两种。

➤ 面板:单击"修改"面板上的"拉伸"命令按钮▣。

➤ 命令行:在命令行中输入 STRETCH/S 并按下回车键。

执行上述任意一项操作,命令行提示如下。

命令:S↙

STRETCH

以交叉窗口或交叉多边形选择要拉伸的对象…

选择对象:指定对角点:找到 1 个

指定基点或[位移(D)] <位移>:   //单击指定基点;

指定第二个点或<使用第一个点作为位移>:200 //向右移动鼠标,输入位移值,按

                 下回车键完成拉伸操作,结果如

                 图 2-48 所示。

2.4.7　缩放命令

调用缩放命令,可以按照指定的比例因子放大或者缩小图形,图形的比例

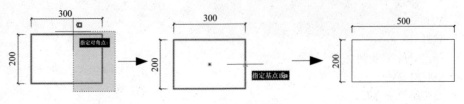

图 2-48 拉伸图形

不变。

缩放命令的调用方式有以下两种。

➢面板：单击"修改"面板上的"缩放"命令按钮 。

➢命令行：在命令行中输入 SCALE/SC 并按下回车键。

执行上述任意一项操作，命令行提示如下。

命令:SC↙
SCALE
选择对象:指定对角点:找到 2 个
指定基点：   //单击圆心；
指定比例因子或[复制(C)/参照 (R)]：0.5   //输入比例因子，按下回车键，缩小图
                                     形的结果如图 2-49 所示。

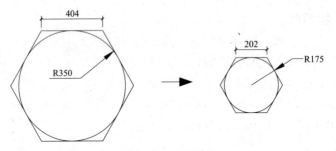

图 2-49 缩小图形

2.4.8 修剪命令

调用修剪命令，可以修剪对象以使其适合其他图形。

修剪命令的调用方式有以下两种。

➢面板：单击"修改"面板上的"修剪"命令按钮 。

➢命令行：在命令行中输入 TRIM/TR 并按下回车键。

执行上述任意一项操作，命令行提示如下。

命令:TR↙

TRIM

当前设置:投影=UCS,边=无

选择剪切边...

选择对象或<全部选择>:

选择要修剪的对象,或按住 Shift 键选择要延伸的对象,或[栏选(F)/窗交 (C)/投影 (P)/边 (E)/删除 (R)/放弃 (U)]:　　　　//双击回车键;

选择要修剪的对象,或按住 Shift 键选择要延伸的对象,或 [栏选 (F)/窗交 (C)/投影 (P)/边 (E)/删除 (R)/放弃 (U)]:　　　　//单击待修剪的线段,完成编辑隔离开关
图形的结果如图 2-50 所示。

图 2-50　修剪图形

2.4.9　实例——绘制直流电焊机

本节讲解直流电焊机图例符号的绘制步骤,综合介绍矩形命令、直线命令、镜像命令、修剪命令的操作方法。

（1）执行 REC "矩形" 命令,设置宽度为 10,尺寸为 300×150,绘制矩形的结果如图 2-51 所示。

（2）执行 L "直线" 命令,以矩形左侧边中点为起点,右侧边中点为端点,绘制水平线段如图 2-52 所示。

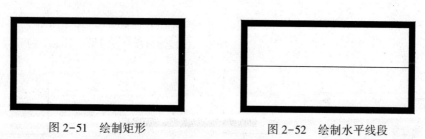

图 2-51　绘制矩形　　　　　　　　图 2-52　绘制水平线段

（3）执行 C "圆" 命令,绘制半径为 30 的圆形,结果如图 2-53 所示。

（4）执行 **MI**"镜像"命令，点取矩形上方边的中点为镜像线的第一点，点取矩形下方边的中点为镜像线的第二点，向右镜像复制圆形的结果如图 2-54 所示。

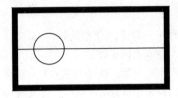

图 2-53　绘制圆形

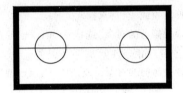

图 2-54　镜像复制圆形

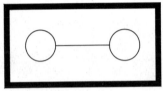

图 2-55　修剪线段

（5）执行 **TR**"修剪"命令，修剪线段，完成直流电焊机图例的绘制结果如图 2-55 所示。

2.4.10　延伸命令

调用延伸命令，可以延伸对象的边使其适合其他图形。

延伸命令的调用方式有以下两种。

➢ 面板：单击"修改"面板上的"延伸"命令按钮 ---/ 。

➢ 命令行：在命令行中输入 EXTEND/EX 并按下回车键。

执行上述任意一项操作，命令行提示如下。

命令:EX↙

EXTEND

当前设置:投影=UCS,边=无

选择边界的边 ...

选择对象或<全部选择>：找到 1 个　　　　　//单击选择边界并按下回车键;

选择对象:

选择要延伸的对象,或按住 Shift 键选择要修剪的对象,或[栏选(F)/窗交（C）/投影（P）/边（E）/放弃（U）]:

取消　　　　　　　　　　　　　//单击延伸对象完成延伸操作,按下回车

键退出命令,结果如图 2-56 所示。

图 2-56　延伸图形

2.4.11 圆角命令

调用圆角命令，可以指定半径为对象创建圆角。

圆角命令的调用方式有以下两种。

➢ 面板：单击"修改"面板上的"圆角"命令按钮 ◻。

➢ 命令行：在命令行中输入 FILLET/F 并按下回车键。

执行上述任意一项操作，命令行提示如下。

命令:F✓

FILLET

当前设置:模式=修剪,半径=0

选择第一个对象或[放弃(U)/多段线（P）/半径（R）/修剪（T）/多个（M）]: R

指定圆角半径<0.0000>:150

选择第一个对象或 [放弃 (U)/多段线（P）/半径（R）/修剪（T）/多个（M）]:

选择第二个对象，或按住 Shift 键选择对象以应用角点或 [半径（R）]:

　　　　　//分别单击选定圆角对象，为图形创建圆角的结果如图 2-57 所示。

图 2-57　创建圆角

2.4.12 实例——绘制彩色监视器

本节讲解彩色监视器图例符号的绘制步骤，综合介绍矩形命令、偏移命令、圆角命令、修剪命令的操作方法。

（1）执行 REC "矩形"命令，设置宽度为 10，绘制尺寸为 500×250 的矩形，结果如图 2-58 所示。

（2）执行 O "偏移"命令，设置偏移距离为 60，选择矩形向内偏移，操作结果如图 2-59 所示。

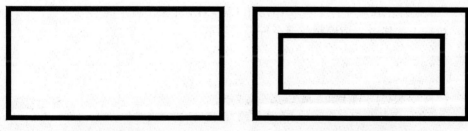

图 2-58　绘制矩形　　　　　　　　　　图 2-59　偏移矩形

（3）调用 F "圆角"命令，设置圆角半径为 30，对偏移得到的矩形执行圆角操作，结果如图 2-60 所示。

（4）执行 TR "修剪"命令，修剪矩形，结果如图 2-61 所示。

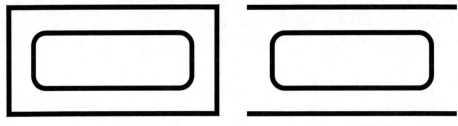

图 2-60　圆角操作　　　　　　　　　　图 2-61　圆角操作

（5）执行 C "圆"命令，设置半径值为 19，绘制圆形如图 2-62 所示。

（6）执行 H "填充"命令，选择 SOLID 填充图案，对圆形执行填充操作，完成彩色监视器的绘制结果如图 2-63 所示。

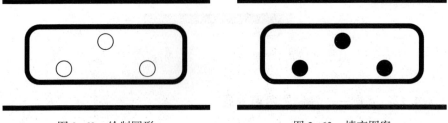

图 2-62　绘制圆形　　　　　　　　　　图 2-63　填充图案

2.4.13　倒角命令

调用倒角命令，可以通过指定距离值来为对象创建倒角。

倒角命令的调用方式有以下两种。

➤ 面板：单击"修改"面板上的"倒角"命令按钮 ⌐。

➤ 命令行：在命令行中输入 CHAMFER/CHA 并按下回车键。

执行上述任意一项操作，命令行提示如下。

命令:CHA✓

CHAMFER

（"修剪"模式）当前倒角距离 1=0,距离 2=0

选择第一条直线或[放弃(U)/多段线（P)/距离（D)/角度（A)/修剪（T)/方式（E)/多个（M)]：　D

指定 第一个 倒角距离<0>：150

指定 第二个 倒角距离<150>: //按下回车键;

选择第一条直线或［放弃（U）/多段线（P）/距离（D）/角度（A）/修剪（T）/方式（E）/多个（M）］:

选择第二条直线,或按住 Shift 键选择直线以应用角点或［距离（D）/角度（A）/方法（M）］: //分别指定第一、第二条直线,为对象创建倒角的结果如图 2-64 所示。

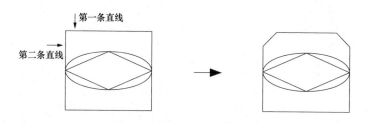

图 2-64 创建倒角

2.4.14 矩形阵列命令

调用矩形阵列命令,可以按照任意行、列和层级组合分布图形对象副本。

矩形阵列命令的调用方式有以下两种。

➤面板:单击"修改"面板上的"矩形阵列"命令按钮▦。

➤命令行:在命令行中输入 ARRAYRECT 并按下回车键。

执行上述任意一项操作,系统弹出如图 2-65 所示的阵列面板。

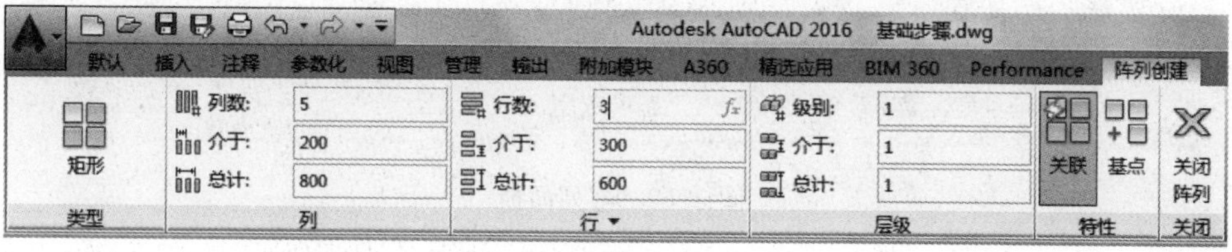

图 2-65 阵列面板

同时命令行提示如下。

命令:_arrayrect↙
选择对象:找到 1 个 //选择圆形;
类型=矩形 关联=是
选择夹点以编辑阵列或［关联（AS）/基点（B）/计数（COU）/间距（S）/列数（COL）/行数（R）/层数（L）/退出（X）］<退出>:
选择夹点以编辑阵列或［关联（AS）/基点（B）/计数（COU）/间距（S）/列数（COL）/

行数（R)/层数（L)/退出（X)] <退出>：

在阵列面板上设置参数，在"列数"选项中设置列的数目，在"介于"选项中设置列间距，在"总计"选项中设置起始列到终止列之间的长度。

参数设置完毕，按下回车键退出命令，矩形阵列的结果如图2-66所示。

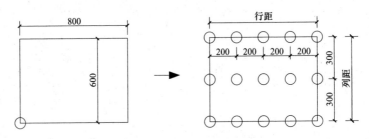

图2-66 矩形阵列

2.4.15 路径阵列

调用路径阵列命令，可以按照指定的阵列路径平均分布对象副本。

路径阵列命令的调用方式有以下两种。

➢ 面板：单击"修改"面板上的"路径阵列"命令按钮 。

➢ 命令行：在命令行中输入ARRAYPATH并按下回车键。

执行上述任意一项操作，系统弹出如图2-67所示的阵列面板。

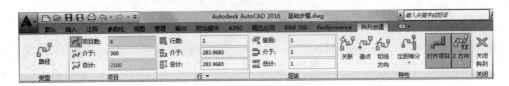

图2-67 阵列面板

同时命令行提示如下。

命令：_arraypath↙

选择对象：找到1个   //选择五边形；

类型=路径 关联=否

选择路径曲线：   //选择圆弧。

选择夹点以编辑阵列或［关联（AS)/方法（M)/基点（B)/切向（T)/项目（I)/行（R)/层（L)/对齐项目（A)/z方向（Z)/退出（X)] <退出>：

选择夹点以编辑阵列或［关联（AS)/方法（M)/基点（B)/切向（T)/项目（I)/行（R)/层（L)/对齐项目（A)/z方向（Z)/退出（X)] <退出>：

在阵列面板中的"项目"选项板中设置"介于" 🔡 的参数，用来指定项目间距。当设置项目间距后，系统会自动计算，确定项目数 🔡 ，以及起点项目与终点项目之间的间距，即"总计" 🔡 选项的参数。

阵列复制完毕后按下回车键退出命令，路径阵列的结果如图 2-68 所示。

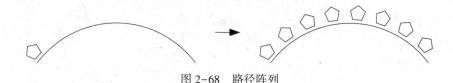

图 2-68　路径阵列

2.4.16　环形阵列

调用环形阵列命令，可以绕某个中心点或者旋转轴形成的环形图案分布对象副本。

环形阵列命令的调用方式有以下两种。

➢ 面板：单击"修改"面板上的"环形阵列"命令按钮 🔡 。

➢ 命令行：在命令行中输入 ARRAYPOLAR 并按下回车键。

执行上述任意一项操作，系统弹出如图 2-69 所示的阵列面板。

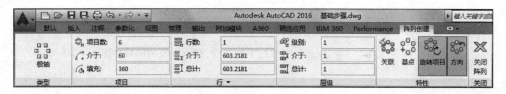

图 2-69　阵列面板

同时命令行提示如下。

命令:_arraypolar↙
选择对象：指定对角点：找到 4 个　　　　　　　//选择椭圆与矩形；
类型=极轴　关联=否
指定阵列的中心点或 [基点 (B)/旋转轴 (A)]：　　//指定圆心。
选择夹点以编辑阵列或 [关联 (AS)/基点 (B)/项目 (I)/项目间角度 (A)/填充角度
(F)/行 (ROW)/层 (L)/旋转项目 (ROT)/退出 (X)] <退出>：

在阵列面板中的"项目"选项板中设置"介于" 🔡 参数，指项目间的距离，系统将根据项目间距来自定义项目数 🔡 。

系统默认设置"填充" 🔡 角度参数为 360°，用户也可自行更改角度参数。如将角度参数设置为 180°，则系统会在该范围内按照所设定的项目间距来分布项目。

环形阵列复制项目完毕，按下 Esc 键退出命令，结果如图 2-70 所示。

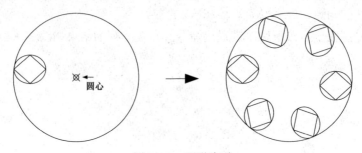

图 2-70　环形阵列

2.4.17　删除命令

调用删除命令，可将选中的对象删除。

删除命令的调用方式有以下两种。

➤面板：单击"修改"面板上的"删除"命令按钮 ✎。

➤命令行：在命令行中输入 ERASE/E 并按下回车键。

执行上述任意一项操作，命令行提示如下。

命令:E↙

ERASE

选择对象:找到 1 个　　　//选中对象按下回车键,删除对象的结果如图 2-71 所示。

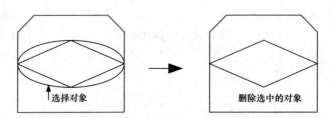

图 2-71　删除对象

2.4.18　分解命令

调用分解命令，可将复合对象分解为其部件对象。

分解命令的调用方式有以下两种。

➤面板：单击"修改"面板上的"分解"命令按钮 ⬚。

➤命令行：在命令行中输入 EXPLODE/X 并按下回车键。

执行上述任意一项操作，命令行提示如下。

命令:X↙

EXPLODE

选择对象:找到 1 个　　　　　//选中对象按下回车键即可完成分解对象的操作,结果如
　　　　　　　　　　　　　　　图 2-72 所示。

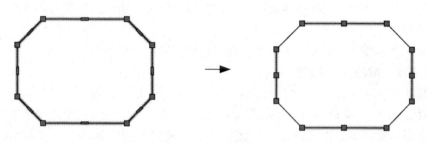

图 2-72　分解对象

2.4.19　偏移命令

调用"偏移"命令,可以通过指定偏移距离来创建对象副本。

偏移命令的调用方式有以下两种。

➢ 面板:单击"修改"面板上的"偏移"命令按钮 。

➢ 命令行:在命令行中输入 OFFSET/O 并按下回车键。

执行上述任意一项操作,命令行提示如下。

命令:O↙

OFFSET

当前设置:删除源=否　图层=源　OFFSETGAPTYPE=0

指定偏移距离或[通过(T)/删除(E)/图层(L)]<2100:　300

选择要偏移的对象,或［退出(E)/放弃(U)]<退出>:　　//选中椭圆;

指定要偏移的那一侧上的点,或［退出(E)/多个(M)/放弃(U)]<退出>:
　　　　//向下移动鼠标,单击可完成偏移操作,结果如图 2-73 所示。

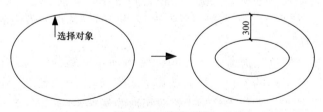

图 2-73　偏移对象

2.5 对 象 编 辑

通过执行对象编辑操作，可以编辑绘制完毕的各类图形。其中可编辑的图形属性包括常规属性、三维效果属性、几何图形属性等，通过更改属性可改变图形的显示方式。

本节以矩形以及填充图案为例，介绍对象编辑的操作方法。

2.5.1 编辑矩形对象

编辑对象属性在"特性"选项板中完成。选中矩形，按下 Ctrl + 1 组合键，系统调出如图 2-74 所示的"特性"选项板。在选项板中包含四个选项卡，分别为"常规"选项卡、"三维效果"选项卡、"几何图形"选项卡、"其他"选项卡。

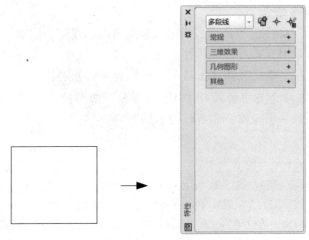

图 2-74 "特性"选项板

单击展开"常规"选项卡，在其中包含各选项，如"颜色""图层""线型"等，如图 2-75 所示。单击选项可弹出列表，通过选择列表中的选项可对该属性进行修改操作。

如单击展开"颜色"选项，弹出如图 2-76 所示的颜色列表，单击选择其中的一项，可以修改矩形的颜色。如修改颜色相类似，用户可在"图层"选项、"线型"选项、"线型比例"等选项中修改矩形的基本属性。

单击展开"几何图形"选项卡，在其中可以设置图形的坐标值、线段宽度、标高、面积等。设置"起始线段"与"终止线段"选项中的参数，可以控制矩形线段的宽度，如图 2-77 所示。

图2-75 "常规"选项卡

图2-76 颜色列表

图2-77 控制矩形线段的宽度

假如需要控制矩形整体的线宽，则需要在"全局宽度"中设置参数。单击"全局宽度"选项后的按钮▥，在调出的【快速计算器】对话框中设置线宽值，单击"应用"按钮，即可修改矩形整体的线宽，结果如图2-78所示。

2.5.2 编辑填充图案

选择绘制完成的填充图案，按下Ctrl+1组合键调出"特性"选项板。在选项板中除了包含常见的选项卡，如"常规"选项卡、"几何图形"选项卡外，还显示了一个可以对填充图案执行编辑操作的选项卡，即"图案"选项卡，如

图 2-79 所示。

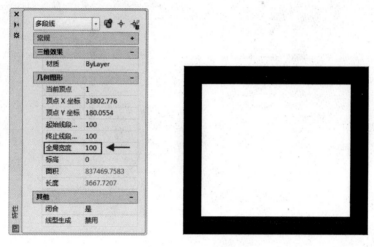

图 2-78　控制矩形整体的线宽

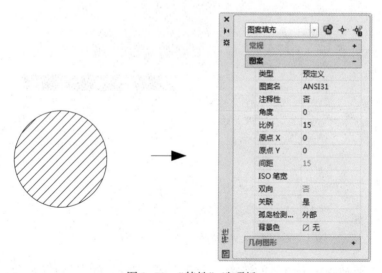

图 2-79　"特性"选项板

　　单击展开"图案"选项卡，在其中包含了"类型"选项、"图案名"选项、"角度"选项等，通过设置这些选项中的各项参数，可以控制填充图案的显示。

　　单击"类型"选项后的矩形按钮▭，调出如图 2-80 所示的【填充图案类型】对话框。在"图案类型"选项中显示了当前的图案类型，在"图案"选项中显示了当前图案的名称。

单击"图案"按钮 ，调出如图 2-81 所示的【填充图案选项板】对话框。在其中显示了三种类型的填充图案，分别为 ANSI、ISO、其他预定义，单击选择图案，单击"确定"按钮返回【填充图案类型】对话框。

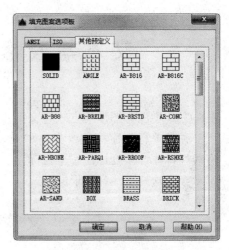

图 2-80　【填充图案类型】对话框　　　图 2-81　【填充图案选项板】对话框

单击"确定"按钮关闭对话框，可以修改当前的填充图案。

在"角度""比例""间距"等选项中修改参数，可以控制填充图案的显示。

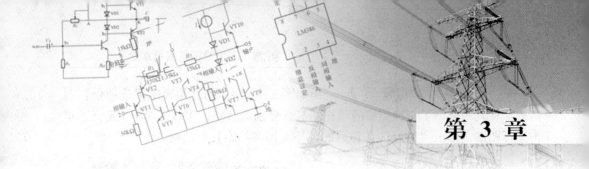

第 3 章

文本与表格、尺寸标注

AutoCAD 中注释图形的方式有文本、表格与尺寸标注。其中文本标注有两种方式，一种是单行文字标注，另一种是多行文字标注。尺寸标注的种类相对较多，有线性标注、角度标注、半径标注、直径标注等。

本章介绍这三类注释图形的方式。

3.1 文 本 标 注

通过绘制文本标注，可以为指定的图形提供解释说明作用。本节介绍创建文本样式、绘制文本标注以及编辑文本标注的方法。

3.1.1 创建文本样式

调用文字样式命令，可以通过指定字体的类型、大小等来创建文本样式。

文字样式命令的调用方式有以下两种。

➤ 面板：单击"注释"面板上的"文字样式"命令按钮▣。

➤ 命令行：在命令行中输入 STYLE/ST 并按下回车键。

执行上述任意一项操作，系统调出如图 3-1 所示的【文字样式】对话框，在其中可以新建文本样式，或者编辑已有的样式。

图 3-1 【文字样式】对话框

单击"新建"按钮，调出如图3-2所示的【新建文字样式】对话框。在"样式名"选项中设置新样式的名称，单击"确定"按钮返回【文字样式】对话框。

图3-2 【新建文字样式】对话框

在"字体"选项组中单击"SHX字体"选项，在列表中选择gbenor.shx样式，接着勾选"使用大字体"选项；单击"大字体"选项，在列表中选择gbcbig.shx样式。在"高度"选项中设置文字高度值，如图3-3所示。

图3-3 设置参数

单击"置为当前"按钮，系统调出如图3-4所示的提示对话框，提醒用户是否将其置为当前正在使用的文字样式，单击"是"按钮关闭对话框。

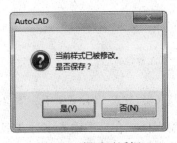

图3-4 提示对话框

此时执行文字标注命令，则所标注的文字会继承新样式的属性，如图3-5所示。

3.1.1 创建文本样式

图3-5 标注文字

3.1.2 绘制单行文字标注

调用单行文字命令，可以创建一行或者多行文字，其中，每行文字都是独立的对象，可单独对其进行编辑。

单行文字命令的调用方式有以下两种。

➢面板：单击"注释"面板上的"单行文字"命令按钮 **A**。

➢ 命令行：在命令行中输入 TEXT 并按下回车键。

执行上述任意一项操作，命令行提示如下。

命令：_text↙
当前文字样式：“电气文本样式” 文字高度：100 注释性：否 对正：左
指定文字的起点 或 [对正 (J)/样式 (S)]： //移动左键指定起点；
指定文字的旋转角度<270>：0 //指定角度值。

输入文字完毕后，在屏幕空白处单击，接着按下回车键退出命令，绘制单行文字命令的结果如图 3-6 所示。

3.1.2 绘制单行文字标注
3.1.2 绘制单行文字标注

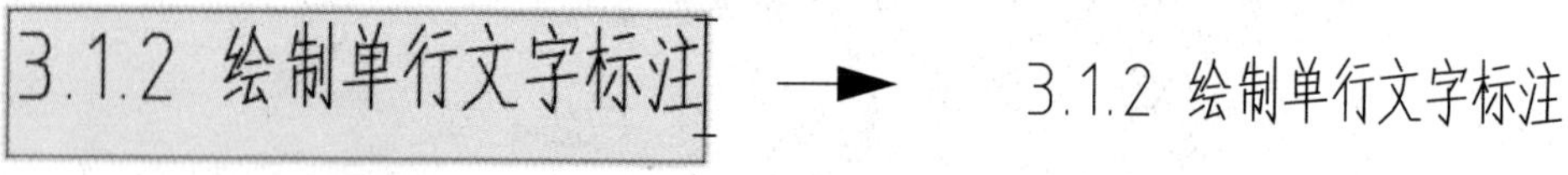

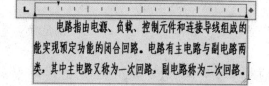

图 3-6 绘制单行文字标注

3.1.3 绘制多行文字标注

调用多行文字命令，可以创建多行文字对象，并可同步在编辑面板上修改文字样式参数。

多行文字命令的调用方式有以下两种。

➢ 面板：单击“注释”面板上的“多行文字”命令按钮 A。

➢ 命令行：在命令行中输入 MTEXT/MT 并按下回车键。

执行上述任意一项操作，命令行提示如下。

命令：MT↙
MTEXT
当前文字样式：“电气文本样式” 文字高度：100 注释性：否
指定第一角点：
指定对角点或[高度(H)/对正 (J)/行距 (L)/旋转 (R)/样式 (S)/宽度 (W)/栏 (C)]：

通过分别单击指定对角点来调出多行文字输入框，在其中输入多行文字，然后在屏幕空白处单击即可完成创建多行文字对象的操作，结果如图 3-7 所示。

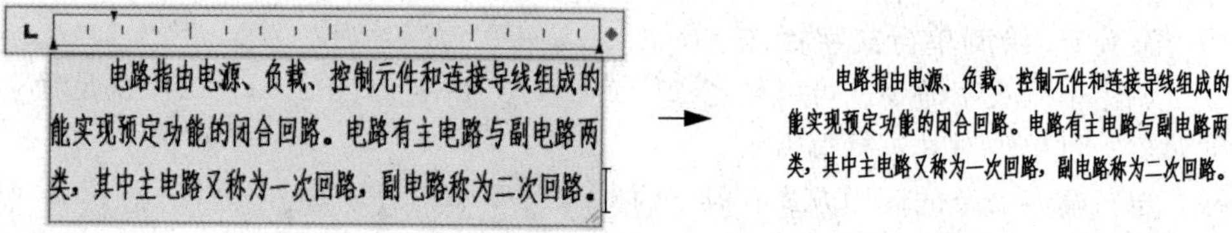

电路指由电源、负载、控制元件和连接导线组成的能实现预定功能的闭合回路。电路有主电路与副电路两类，其中主电路又称为一次回路，副电路称为二次回路。
电路指由电源、负载、控制元件和连接导线组成的能实现预定功能的闭合回路。电路有主电路与副电路两类，其中主电路又称为一次回路，副电路称为二次回路。

图 3-7 绘制多行文字标注

3.1.4 编辑文字标注

通过对文字标注执行编辑操作，可以修改文字标注的内容、属性。双击单行文字标注进入编辑器，在编辑器内可以修改标注文字的内容，在"文字"面板中可以修改文字样式、文字的高度，如图3-8所示。

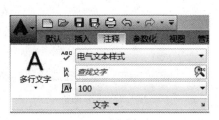

图3-8 "文字"面板

双击多行文字标注进入编辑器，系统调出如图3-9所示的修改面板。在面板中可以修改标注文字的样式、格式，还可修改段落样式，如编号的标注方式、文字的对齐方式等。

在面板中修改完成各项参数后，在编辑器外单击，可退出编辑操作。

图3-9 修改面板

1. 更改文字样式

绘制完毕的文本标注可以更改其文本样式。双击文本标注进入文字编辑器，单击展开左上角的"样式"面板，在弹出的列表中显示了当前图形中所包含的所有文本样式，如图3-10所示。选择其中的一种，将其赋予编辑器中的文本标注。

此时系统会调出如图3-11所示的提示对话框，提醒更改文本样式后的结果。单击"是"按钮，可以执行更改操作，单击"否"按钮，则关闭对话框，保持文本标注的样式不变。

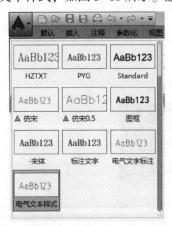

图3-10 样式列表

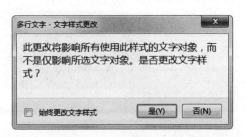

图3-11 提示对话框

2. 设置文字背景

单击"样式"面板右侧的"遮罩"按钮，可以为文字添加背景遮罩。

图 3-12 "样式"面板

在如图 3-12 所示的【背景遮罩】对话框中勾选"使用背景遮罩"选项，在"填充颜色"选项中选择背景颜色，如图 3-13 所示。

在颜色列表中选择"选择颜色"选项，可以在如图 3-14 所示的【选择颜色】对话框中自定义背景颜色。在【背景遮罩】对话框中单击"确定"按钮，可以完成添加遮罩的操作，如图 3-15 所示。

图 3-13 【背景遮罩】对话框

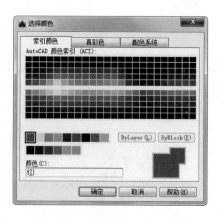

图 3-14 【选择颜色】对话框

在图纸中需要对某些文本标注着重表示时，可以为其添加背景遮罩，以使其醒目突出。假如要取消文本的背景遮罩，重新调出【背景遮罩】对话框，取消勾选"使用背景遮罩"选项即可。

图 3-15 添加背景遮罩

3. 设置粗体

双击标注文本进入文字编辑器，单击"格式"面板上的"粗体"按钮 **B**，可以更改文本的显示样式，使其以加黑加粗的方式来显示，如图 3-16 所示。

图 3-16 设置粗体

再次进入文字编辑器，选择文本标注，单击"粗体"按钮**B**，可以取消对文本的加粗操作。

4. 设置斜体

在文字编辑器中选择标注文本，单击"样式"面板上的"斜体"按钮 **I**，可以将标注文字设置为斜体，如图 3-17 所示。再次单击"斜体"按钮 **I**，可以取消操作，恢复文字的正常显示。

绘制文本标注 ⟶ *绘制文本标注*

图 3-17 设置斜体

5. 添加删除线

单击"样式"面板上的"删除线"按钮 **A**，可以为选中标注文字启用删除线，如图 3-18 所示。再次单击"删除线"按钮 **A**，可以禁用删除线。

绘制文本标注 ⟶ 绘制文本标注

图 3-18 添加删除线

6. 添加下划线

单击"样式"面板上的"下划线"按钮 **U**，可以为选中的标注文字添加下划线，如图 3-19 所示。再次单击"下划线"按钮 **U**，可以取消下划线的显示。

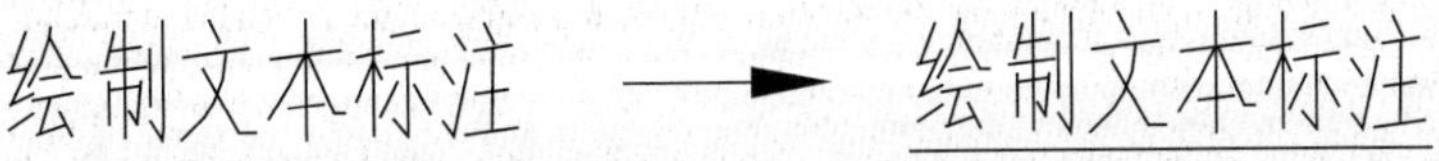

绘制文本标注 ⟶ 绘制文本标注

图 3-19 添加下划线

7. 添加上划线

单击"样式"面板上的"上划线"按钮 $\boxed{\overline{O}}$，为标注文本添加上划线的操作结果如图 3-20 所示。在保持选中文本标注的状态下，再次单击"上划线"按钮 $\boxed{\overline{O}}$，可以取消上划线的显示。

图 3-20　添加上划线

8. 堆叠

单击"格式"面板上的"堆叠"按钮 $\boxed{\text{b}}$，可以在标注文字中堆叠分数或者公差格式的文字。

在文本编辑器中依次以"数字^数字"的格式输入文字，接着单击"堆叠"按钮 $\boxed{\text{b}}$，可以将数字设置为公差格式，如图 3-21 所示。

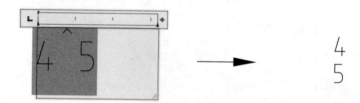

图 3-21　公差堆叠

以"数字#数字"的格式输入文字，则可将文字沿对角方向堆叠分数，如图 3-22 所示。

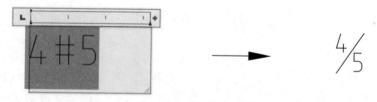

图 3-22　沿对角方向堆叠分数

以"数字/数字"的格式输入文字，可垂直堆叠分数，如图 3-23 所示。

9. 上标

单击"格式"面板中的"上标"按钮 $\boxed{\times}$，可以将文字编辑器中选中的文字设置为上标状态，如图 3-24 所示。再次单击按钮，可以关闭上标显示。

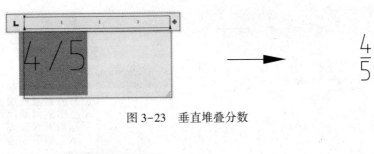

图 3-23　垂直堆叠分数

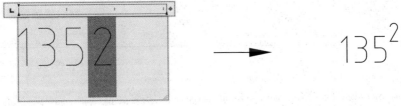

图 3-24　添加上标

10. 下标

单击"格式"面板中的"下标"按钮$\boxed{X_2}$，可将选定的文字转为下标操作，如图 3-25 所示。再次单击按钮，可以关闭下标显示。

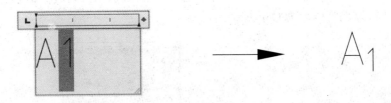

图 3-25　添加下标

11. 改变大小写

单击"格式"面板上的"大写"按钮$\boxed{{}^{A}_{A}}$，可以将小写字母改为大写字母来显示。单击"小写"按钮$\boxed{{}^{a}_{a}}$，可将大写字母改为小写显示。

12. 修改样式字体及颜色

在"格式"面板上单击"字体"选项，在弹出的列表中显示了各类字体样式的名称，如图 3-26 所示，单击选择其中的一种，可以更改字体样式。

单击"颜色"选项，在颜色列表中可以更改字体的颜色，如图 3-27 所示。单击"更多颜色"选项，在调出的【选择颜色】对话框中可以自定义颜色种类。

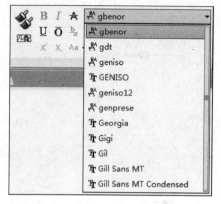

图 3-26 "字体"列表

图 3-27 "颜色"列表

单击"清除"按钮，在弹出的列表中显示了各种可清除的选项，如"删除字符样式""删除段落样式"等，如图 3-28 所示，单击选择选项，可以将相应的样式清除。

13. 段落对正方式

在"段落"面板上单击"对正"按钮 Ａ，在列表中显示各类对齐方式，如左上、中上、右上等，如图 3-29 所示，其中左上为默认的对齐方式。选择其中的一种，可以调整段落的对正方式。

图 3-28 "清除"列表

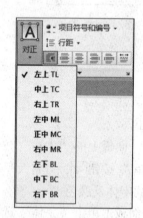

图 3-29 "对齐"列表

如图 3-30、图 3-31 所示分别为居中对齐与右对齐段落的结果。

大样图用来表示电气工程中某一部件的结构，用来指导加工与安装，如屋顶防雷平面图的局部大样图，用来表示该区域防雷设备的布置。其中有一部分大样图为国家标准图，在需要时可以从标准图集调用，不需要另行绘制。

图 3-30 居中对齐

大样图用来表示电气工程中某一部件的结构，用来指导加工与安装，如屋顶防雷平面图的局部大样图，用来表示该区域防雷设备的布置。其中有一部分大样图为国家标准图，在需要时可以从标准图集调用，不需要另行绘制。

图 3-31 右对齐

14. 添加标记符号

在"段落"面板上单击"项目符号和编号"选项，在列表中显示了为段落添加标记符号的方式，如图 3-32 所示。选择待添加编号的段落内容，如图 3-33 所示，接着在列表中选择编号方式，如"数字"，即可为所选内容添加数字标记，如图 3-34 所示。

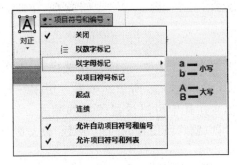

图 3-32 "标记"列表

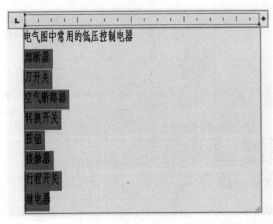

图 3-33 选中文字

选择"以字母标记→小写"选项，可以对段落文字以小写字母的方式进行标记，如图 3-35 所示。在列表中选择"关闭"选项，可以取消所有的标记操作，恢复段落文字的显示。

电气图中常用的低压控制电器	电气图中常用的低压控制电器
1. 熔断器	a. 熔断器
2. 刀开关	b. 刀开关
3. 空气断路器	c. 空气断路器
4. 转换开关	d. 转换开关
5. 按钮	e. 按钮
6. 接触器	f. 接触器
7. 行程开关	g. 行程开关
8. 继电器	h. 继电器

图 3-34　数字标记　　　　图 3-35　字母标记

15. 调整间距

在"段落"面板上单击"行距"选项，在选项列表中显示了行距的类型，如 1.0x、1.5x、2.0x 等，如图 3-36 所示。单击"更多"选项，调出如图 3-37 所示的【段落】对话框，在其中可以设置段落的缩进、对齐、间距样式。单击"清除行间距"按钮，可以删除所设置的间距参数，恢复默认间距。

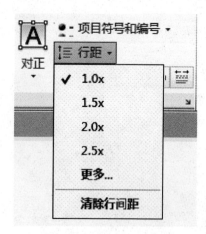

图 3-36　"选项"列表

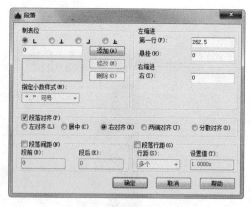

图 3-37　【段落】对话框

段落的默认间距为 1.0x，显示效果如图 3-38 所示。选择 2.0x 间距值，行与行之间的间距发生改变，显示效果如图 3-39 所示。

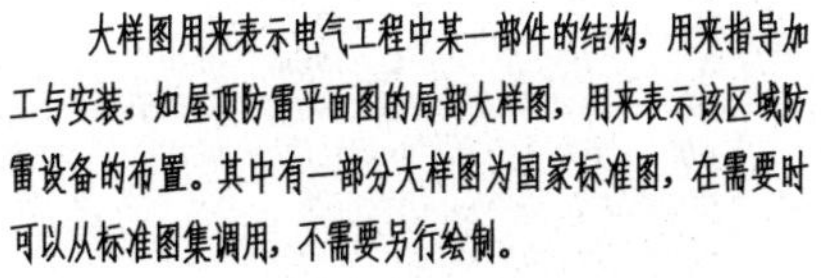

大样图用来表示电气工程中某一部件的结构，用来指导加工与安装，如屋顶防雷平面图的局部大样图，用来表示该区域防雷设备的布置。其中有一部分大样图为国家标准图，在需要时可以从标准图集调用，不需要另行绘制。

图 3-38　1.0x 行距

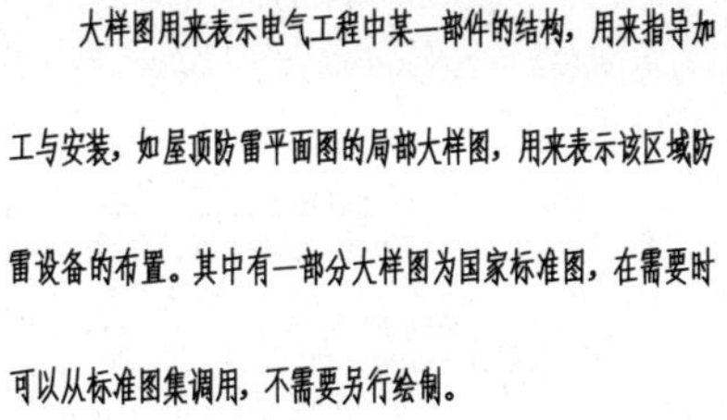

大样图用来表示电气工程中某一部件的结构，用来指导加工与安装，如屋顶防雷平面图的局部大样图，用来表示该区域防雷设备的布置。其中有一部分大样图为国家标准图，在需要时可以从标准图集调用，不需要另行绘制。

图 3-39　2.0x 行距

16. 插入字符

在"插入"面板上单击"符号"按钮 @，调出如图 3-40 所示的选项列表。在列表中显示了各类符号的代码，选择其中的一项，可以插入指定的符号，如图 3-41 所示为在数字前添加正/负符号。

图 3-40　"符号"列表

在文字编辑器中右击，调出如图 3-42 所示的右键菜单。选择"符号"选项，调出如图 3-43 所示的符号菜单，单击选择其中的选项可以插入符号。

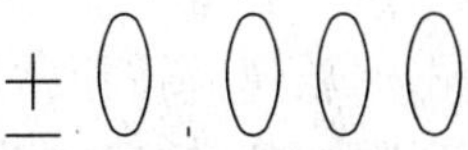

± 0.000

图 3-41　插入正/负符号

全部选择(A)	Ctrl+A
剪切(T)	Ctrl+X
复制(C)	Ctrl+C
粘贴(P)	Ctrl+V
选择性粘贴	▶
插入字段(L)...	Ctrl+F
符号(S)	▶
输入文字(I)...	
段落对齐	▶
段落...	
项目符号和列表	▶
分栏	▶
查找和替换...	Ctrl+R
改变大小写(H)	▶
全部大写	
✓ 自动更正大写锁定	
字符集	▶
合并段落(O)	
删除格式	▶
背景遮罩(B)...	
编辑器设置	▶
帮助	F1
取消	

图 3-42 右键菜单

度数(D)	%%d
正/负(P)	%%p
直径(I)	%%c
几乎相等	\U+2248
角度	\U+2220
边界线	\U+E100
中心线	\U+2104
差值	\U+0394
电相角	\U+0278
流线	\U+E101
恒等于	\U+2261
初始长度	\U+E200
界碑线	\U+E102
不相等	\U+2260
欧姆	\U+2126
欧米加	\U+03A9
地界线	\U+214A
下标 2	\U+2082
平方	\U+00B2
立方	\U+00B3
不间断空格(S)	Ctrl+Shift+Space
其他(O)...	

图 3-43 "符号"菜单

3.2 表　　格

在为电气图样绘制图例表时，就会需要调用表格命令。执行表格命令，可以创建空白的表格，通过在表格中输入文字、添加图例，即可完成图例表的绘制。

本节介绍创建表格样式、绘制以及编辑表格的操作方法。

3.2.1 创建表格样式

调用表格样式命令，可通过设置表格的各项属性来创建新样式，此外还可编辑已有的样式。

表格样式命令的调用方式有以下两种。

➤ 面板：单击"注释"面板上的"表格样式"命令按钮 ▣。

➤ 命令行：在命令行中输入 TABLESTYLE 并按下回车键。

执行上述任意一项操作，系统调出如图 3-44 所示的【表格样式】对话框。单击"新建"按钮，调出如图 3-45 所示的【创建新的表格样式】对话框，在"新样式名"选项中设置样式名称。

单击"继续"按钮，弹出【新建表格样式：电气表格样式】对话框。在"常规"选项卡中设置表格特性，其中将文字的对齐方式设置为"正中"，如图 3-46 所示。

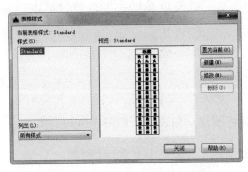

图3-44 【表格样式】对话框　　　　图3-45 【创建新的表格样式】对话框

单击选择"文字"选项卡，在"文字样式"选项中选择"电气文本样式"，此时"文字高度""文字颜色""文字角度"各选项均继承该文字样式的参数，如图3-47所示。

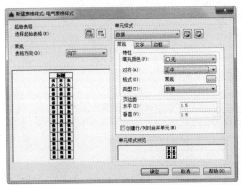

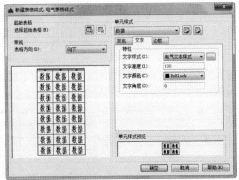

图3-46 【新建表格样式：电气表格样式】对话框　　图3-47 设置文字样式

单击"确定"按钮返回【表格样式】对话框，单击"置为当前"按钮将其置为当前正在使用的表格样式，单击"关闭"按钮关闭对话框完成创建新样式的操作。

3.2.2 绘制表格

调用绘制表格命令，可以通过指定行数、列数等来创建空白的表格对象。

表格命令的调用方式有以下两种。

➢ 面板：单击"注释"面板上的"表格"命令按钮。

➢ 命令行：在命令行中输入 TABLE 并按下回车键。

执行上述任意一项操作，系统调出如图3-48所示的【插入表格】对话框。

在其中指定表格的插入方式、行列参数，以及单元样式等参数。单击"确定"按钮，命令行提示如下。

命令：_table↙
指定第一个角点：
指定第二角点：

分别单击指定表格的对角点，即可创建空白表格，如图 3-49 所示。

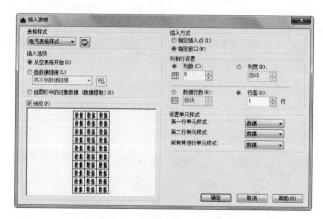

图 3-48 【插入表格】对话框

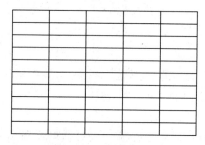

图 3-49 创建表格

3.2.3 输入表格文字

通过在表格中输入文字，才可发挥表格的注释功能。在表格单元格内双击，进入在位编辑状态，如图 3-50 所示。

在单元格内输入标注文字，在表格外的空白处单击，即可完成输入表格文字的操作，如图 3-51 所示。在输入文字的过程中，通过按下键盘上的 Tab 键，可以将光标移动至下一个单元格，以方便文字的录入。

单击选中表格，按下 Ctrl+1 组合键调出【特性】选项板。在其中可以编辑

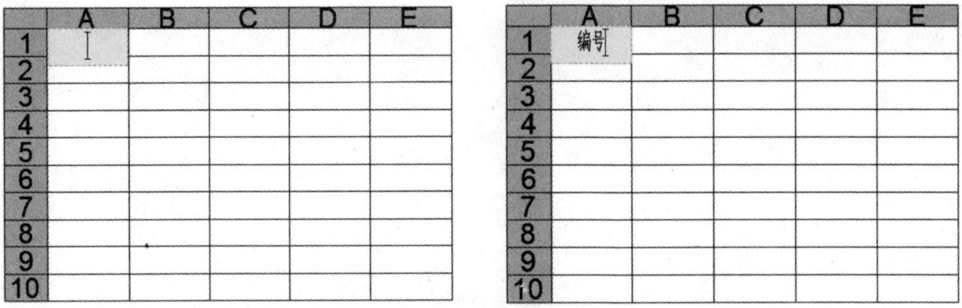

图 3-50 进入在位编辑状态

选中的表格单元格内的标注文字，如更改文字的高度、对齐方式等。

编号	名称	字母代号	名称	字母代号
1	发电机	G	电动机	M
2	变压器	T	整流器	U
3	断路器	Q	控制开关	S
4	继电器	K	电磁铁	Y
5	电阻器	R	电容器	C
6	电感器	L	电线	W
7	避雷器	F	照明灯	E
8	指示灯	H	蓄电池	G
9	晶体管	V	调节器	A

图 3-51 输入表格文字

3.2.4 编辑表格

单击表格单元格，即可进入表格编辑状态，如图 3-52 所示。在单元格中右击，弹出如图 3-53 所示的右键菜单，通过选择菜单中的选项，可以对表格执行各项编辑操作。

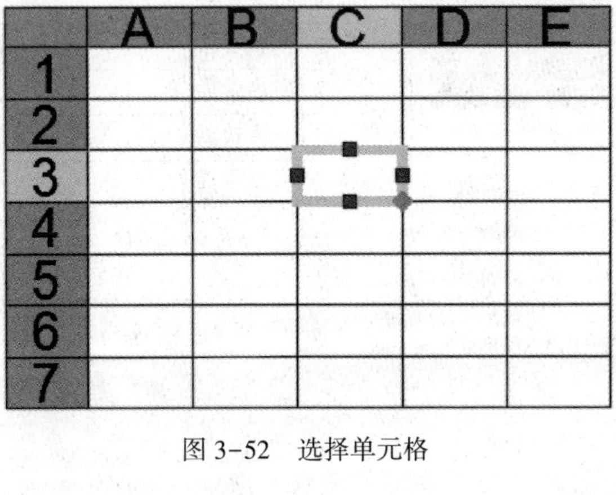

图 3-52 选择单元格

图 3-53　右键菜单

1. 填充背景

在右键菜单中选择"背景填充"选项，调出如图 3-54 所示的【选择颜色】对话框。在对话框中为单元格选择背景颜色，单击确定按钮，可以为选中的单元格添加背景颜色，如图 3-55 所示。

图 3-54　【选择颜色】对话框

编号	名称	字母代号	名称	字母代号
1	变压器	T	整流器	U
2	继电器	K	电磁铁	Y
3	电阻器	R	电容器	C
4	电感器	L	电线	W
5	避雷器	F	照明灯	E
6	指示灯	H	蓄电池	G
7	晶体管	V	调节器	A

图 3-55　填充背景颜色

2. 对齐格式

在右键菜单中选择"对齐"选项，在弹出的子菜单中显示了各类单元文字的对齐方式，如左上、中上、右上等，如图 3-56 所示。选择其中的一种对齐方式，可将其赋予所选单元格内的文字，如图 3-57 所示为将单元格文字的对齐方式设置为"左中"的对齐方式。

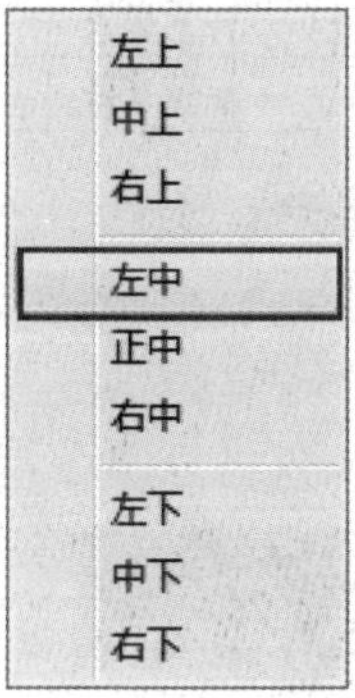

编号	名称	字母代号	名称	字母代号
1	变压器	T	整流器	U
2	继电器	K	电磁铁	Y
3	电阻器	R	电容器	C
4	电感器	L	电线	W
5	避雷器	F	照明灯	E
6	指示灯	H	蓄电池	G
7	晶体管	V	调节器	A

左上
中上
右上
左中
正中
右中
左下
中下
右下

图 3-56　"对齐方式"列表

图 3-57　"左中"对齐

3. 插入列

在右键菜单中选择"列"选项，在弹出的子菜单中显示出各项编辑表列的操作，如在左侧插入、在右侧插入、删除等，如图 3-58 所示。选择插入列选项，可以在目标列的左侧或者右侧插入空白的表列，如图 3-59 所示。

选择"删除"选项，可以删除选中的目标表列。

编号	名称	字母代号	名称	字母代号
1	变压器	T	整流器	U
2	继电器	K	电磁铁	Y
3	电阻器	R	电容器	C
4	电感器	L	电线	W
5	避雷器	F	照明灯	E
6	指示灯	H	蓄电池	G
7	晶体管	V	调节器	A

空白列　目标列

在左侧插入
在右侧插入
删除
均匀调整列大小

图 3-58　表列编辑菜单

图 3-59　在左侧插入空白列

4. 调整列宽

选中表格中的单元格，如图 3-60 所示，在表列编辑子菜单中选择"均匀调整列大小"选项，可以调整表列的宽度均为同样大小，如图 3-61 所示。

图 3-60　选择单元格

编号	名称	字母代号	名称	字母代号
1	变压器	T	整流器	U
2	继电器	K	电磁铁	Y
3	电阻器	R	电容器	C
4	电感器	L	电线	W
5	避雷器	F	照明灯	E
6	指示灯	H	蓄电池	G
7	晶体管	V	调节器	A

图 3-61　调整列宽

5. 编辑表行

在右键菜单中选择"行"选项，在其子菜单中可以对表列执行插入、删除、调整宽度等操作，如图 3-62 所示。选择插入选项，可以在目标表行的上方或者下方插入空白表行，如图 3-63 所示。

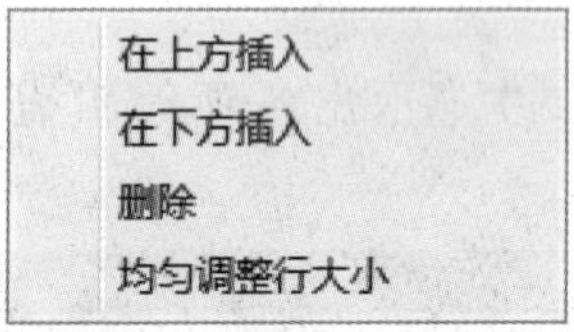

在上方插入
在下方插入
删除
均匀调整行大小

图 3-62　表行编辑子菜单

编号	名称	字母代号	名称	字母代号
1	变压器	T	整流器	U
2	继电器	K	电磁铁	Y
3	电阻器	R	电容器	C
4	电感器	L	电线	W
5	避雷器	F	照明灯	E
6	指示灯	H	蓄电池	G
				◀━ 空白行
7	晶体管	V	调节器	A ◀━ 目标行

图 3-63　新增表行

在子菜单中选择"均匀调整行大小"选项，可以调整表行的宽度均为同等大小，如图 3-64 所示。

6. 合并表格

在右键菜单中选择"合并"选项，在子菜单中显示了合并表格的方式，如全部、按行、按列，如图 3-65 所示。

选择单元格，在子菜单中选择"全部"选项，可以对选中的单元格执行合并操作，如图 3-66 所示。

选择"按行"合并方式，可以合并选中表行中的单元格，如图 3-67 所示。

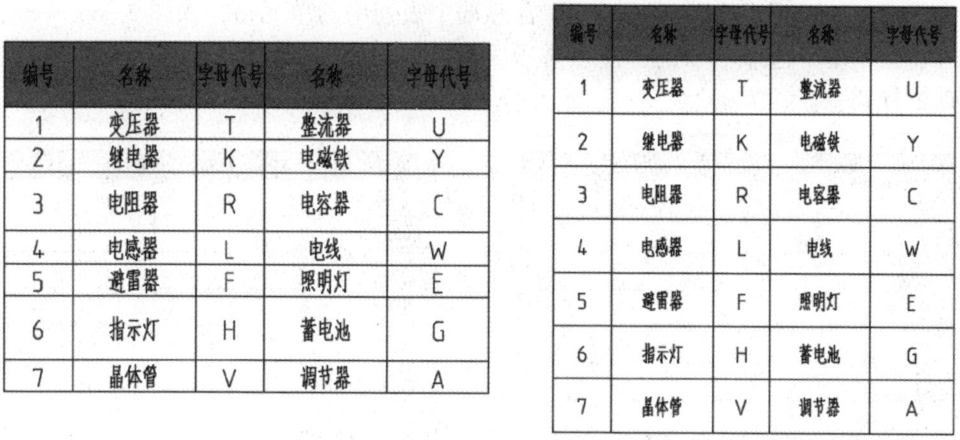

编号	名称	字母代号	名称	字母代号
1	变压器	T	整流器	U
2	继电器	K	电磁铁	Y
3	电阻器	R	电容器	C
4	电感器	L	电线	W
5	避雷器	F	照明灯	E
6	指示灯	H	蓄电池	G
7	晶体管	V	调节器	A

编号	名称	字母代号	名称	字母代号
1	变压器	T	整流器	U
2	继电器	K	电磁铁	Y
3	电阻器	R	电容器	C
4	电感器	L	电线	W
5	避雷器	F	照明灯	E
6	指示灯	H	蓄电池	G
7	晶体管	V	调节器	A

图 3-64　调整行宽

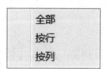

全部
按行
按列

图 3-65　子菜单

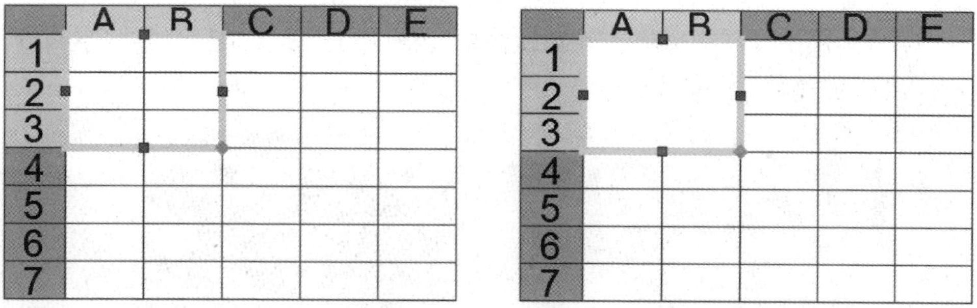

图 3-66　"全部"合并

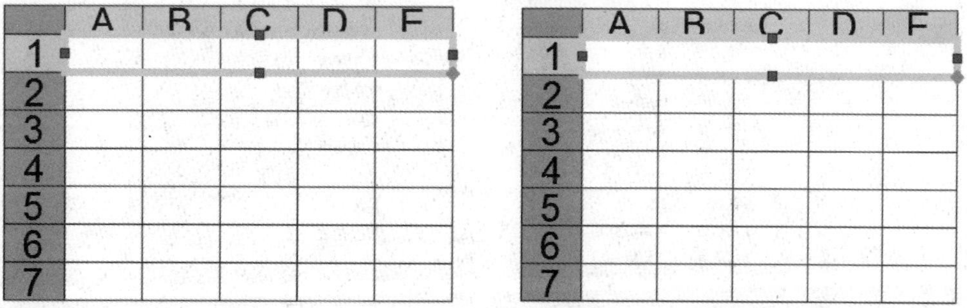

图 3-67　"按行"合并

选择"按列"合并方式，可以合并选中表列中的单元格，如图 3-68 所示。在右键菜单中选择"取消合并"选项，可以取消合并操作，恢复表格合并操作前的样式。

图 3-68 "按列"合并

7. 编辑表格特性

在右键菜单中选择"特性"选项，调出【特性】选项板。单击展开"单元"选项，可以在其中编辑单元格的属性，如在"单元宽度"、"单元高度"选项中设置参数值，可以设定单元格的尺寸，如图 3-69 所示。

单击展开"内容"选项，可以设置单元格内容，如文字样式、文字高度、文字角度等，如图 3-70 所示。

图 3-69 "单元"选项卡   图 3-70 "内容"选项卡

3.3 尺 寸 标 注

AutoCAD 中的尺寸标注类型多种多样，为标注各种不同形态的图形对象提供了便利。其中有专门为标注圆形半径提供的半径标注，为标注圆弧提供的弧长标注，等等。

本节介绍创建尺寸标注样式，绘制及编辑尺寸标注的操作方法。

3.3.1 创建尺寸样式

调用标注样式命令，可以通过设置各项属性参数来创建新的尺寸样式。

标注样式命令的调用方式有以下两种。

➢ 面板：单击"注释"面板上的"标注样式"命令按钮 。

➢ 命令行：在命令行中输入 DIMSTYLE/D 并按下回车键。

执行上述任意一项操作，系统调出如图 3-71 所示的【标注样式管理器】对话框。单击"新建"按钮，弹出【创建新标注样式】对话框。在"新样式名"选项中设置标注样式的名称，如图 3-72 所示。

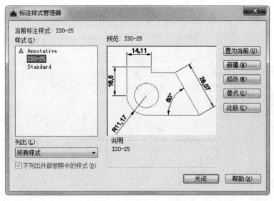
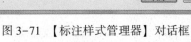

图 3-71 【标注样式管理器】对话框

图 3-72 【创建新标注样式】对话框

单击"继续"按钮，弹出【新建标注样式：电气标注样式】对话框。在"线"选项卡中分别设置"超出尺寸线"以及"起点偏移量"的参数，如图 3-73 所示。

在"符号和箭头"选项卡中设置箭头的样式为"建筑标记"，在"箭头大小"中输入数字来控制箭头的大小，如图 3-74 所示。

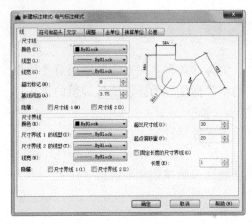

图 3-73 "线"选项卡

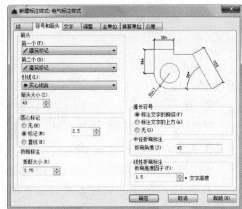

图 3-74 "符号和箭头"选项卡

在"文字"选项卡中设置文字样式为"电气文本样式",在"从尺寸线偏移"选项中设置标注文字与尺寸线之间的距离,如图 3-75 所示。

在"主单位"选项卡中设置"精度"值为 0,如图 3-76 所示。

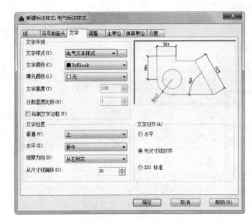

图 3-75 "文字"选项卡

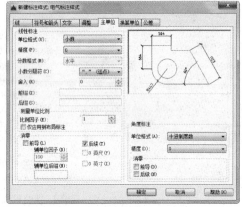

图 3-76 "主单位"选项卡

单击"确定"按钮返回【标注样式管理器】对话框,单击"置为当前"按钮,将新样式置为当前正在使用的标注样式,单击"关闭"按钮关闭对话框。

此时执行尺寸标注命令,所创建的尺寸标注即继承了新样式的各项属性,如图 3-77 所示。

3.3.2 绘制尺寸标注

本节介绍在使用绘制 AutoCAD 应用程序绘制各类尺寸标注的方法,如线性

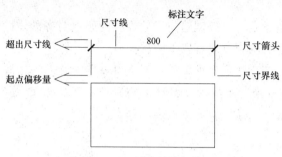

图 3-77 创建尺寸标注

标注、对齐标注、角度标注等。

1. 线性标注

调用线性标注命令，可以创建水平、竖直或旋转的线性标注。

线性标注命令的调用方式有以下两种。

➤ 面板：单击"注释"面板上的"线性标注"命令按钮 ⊢⊢ 。

➤ 命令行：在命令行中输入 DIMLINEAR /DLI 并按下回车键。

执行上述任意一项操作，命令行提示如下。

```
命令:DLI↙
DIMLINEAR
指定第一个尺寸界线原点或<选择对象>:
指定第二个尺寸界线原点:
创建了无关联的标注。
指定尺寸线位置或
[多行文字(M)/文字（T）/角度（A）/水平（H）/垂直（V）/旋转（R）]:
标注文字=800
```

分别指定第一个、第二个尺寸界线原点，创建垂直与水平线性标注的结果如图 3-78 所示。

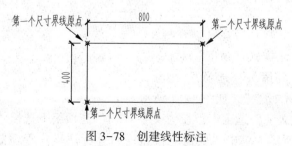

图 3-78 创建线性标注

2. 对齐标注

调用对齐标注命令，可以创建与尺寸界线的原点对齐的线性标注。

对齐标注命令的调用方式有以下两种。

➢ 面板：单击"注释"面板上的"对齐标注"命令按钮 ⊢。

➢ 命令行：在命令行中输入 DIMALIGNED 并按下回车键。

执行上述任意一项操作，命令行提示如下。

命令:_dimaligned↙
指定第一个尺寸界线原点或<选择对象>:
指定第二个尺寸界线原点:
指定尺寸线位置或
[多行文字 (M)/文字 (T)/角度 (A)]:
标注文字=814   //创建对齐标注的结果如图 3-79 所示。

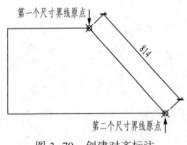

图 3-79　创建对齐标注

3. 角度标注

调用角度标注命令，可以标注选定对象或者三个点之间的角度。

角度标注命令的调用方式有以下两种。

➢ 面板：单击"注释"面板上的"角度标注"命令按钮 △。

➢ 命令行：在命令行中输入 DIMANGULAR 并按下回车键。

在绘制角度标注之前，应以"电气标注样式"为基础样式，创建专门用于标注角度的角度标注。在命令行中输入 D 按下回车键，在调出的【标注样式管理器】对话框中单击"新建"按钮。在【创建新标注样式】对话框中的"用于"选项中选择"角度标注"，如图 3-80 所示。

单击"继续"按钮，在【新建标注样式：电气标注样式：角度】对话框中选择"符号和箭头"选项，设置箭头样式为"实心闭合"，如图 3-81 所示。

图 3-80　【创建新标注样式】对话框

单击选择"文字"选项卡，在"文字对齐"选项组下选择"水平"对齐方式，如图 3-82 所示。单击"确定"按钮返回【标注样式管理器】对话框，在

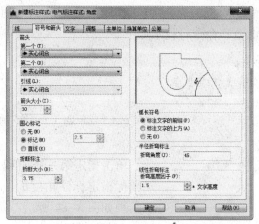

图 3-81 "符号和箭头"选项卡

"样式"列表下显示已创建角度样式,如图 3-83 所示。

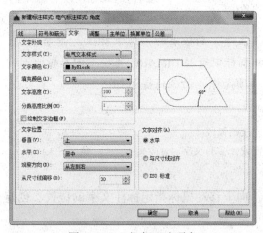

图 3-82 "文字"选项卡

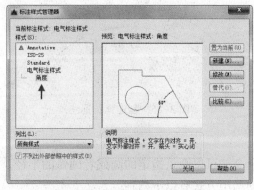

图 3-83 创建角度标注样式

执行角度标注命令后，系统会自动使用角度标注样式为图形创建角度标注。调用角度标注命令，命令行提示如下。

命令: _dimangular↙
选择圆弧、圆、直线或<指定顶点>:
选择第二条直线:
指定标注弧线位置或 [多行文字 (M)/文字 (T)/角度 (A)/象限点 (Q)]:
标注文字=47

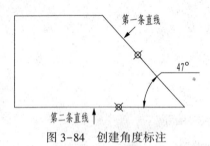

图 3-84　创建角度标注

单击指定第一条直线、第二条直线，移动鼠标指定标注角度的位置，创建尺寸标注的结果如图 3-84 所示。

4. 弧长标注

调用弧长标注命令，可以用来测量圆弧或者多段线圆弧上的距离。

弧长标注命令的调用方式有以下两种。

➢ 面板：单击"注释"面板上的"弧长标注"命令按钮 ⌒。

➢ 命令行：在命令行中输入 DIMARC 并按下回车键。

执行上述任意一项操作，命令行提示如下。

命令: _dimarc↙
选择弧线段或多段线圆弧段:
指定弧长标注位置或 [多行文字 (M)/文字 (T)/角度 (A)/部分 (P)/引线 (L)]:
标注文字=2680

单击选择弧线，向上移动鼠标指定标注文字的位置，创建弧长标注的结果如图 3-85 所示。

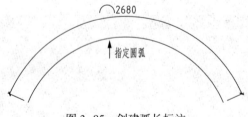

图 3-85　创建弧长标注

5. 半径标注

调用半径标注命令，可以测量指定的圆或者圆弧的半径。

半径标注命令的调用方式有以下两种。

➢面板：单击"注释"面板上的"半径标注"命令按钮 。
➢命令行：在命令行中输入 DIMRADIUS 并按下回车键。

在绘制半径标注前，应先创建半径标注样式，以便在绘制半径标注时继承该样式的属性。在【标注样式管理器】对话框中单击"新建"按钮，在【创建新标注样式对话框】中选择"基础样式"为"电气标注样式"，在"用于"选项中选择"半径标注"，如图3-86所示。

单击"继续"按钮进入参数编辑对话框，具体的参数设置请参考图3-81、图3-82，创建半径标注样式的结果如图3-87所示。

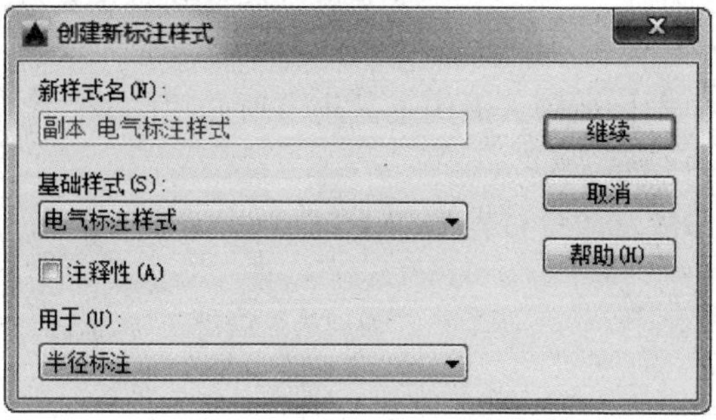

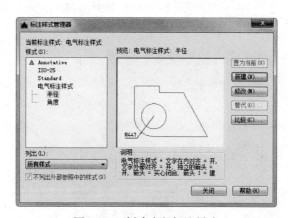

图3-86 选择"半径标注"

图3-87 创建半径标注样式

执行上述任意一项操作，命令行提示如下。

命令：_dimradius↙
选择圆弧或圆：
标注文字=600
指定尺寸线位置或［多行文字(M)/文字(T)/角度(A)］：

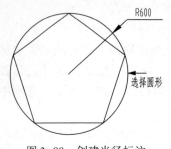

图 3-88　创建半径标注

选中圆形，移动鼠标指定尺寸线的位置，创建半径标注的结果如图 3-88 所示。

6. 直径标注

调用直径标注命令，可以测量指定的圆或者圆弧的直径。

直径标注命令的调用方式有以下两种。

➢ 面板：单击"注释"面板上的"直径标注"命令按钮◎。

➢ 命令行：在命令行中输入 DIMDIAMETER 并按下回车键。

调用 D【标注样式】命令，沿用上一小节所介绍的方法，创建"直径标注样式"，结果如图 3-89 所示。

调用直径标注命令，命令行提示如下。

命令:_dimdiameter✓
选择圆弧或圆:
标注文字=1200
指定尺寸线位置或 [多行文字 (M)/文字 (T)/角度 (A)]:

单击指定圆形，向右上角移动鼠标，指定标注文字的位置，绘制直径标注的结果如图 3-90 所示。

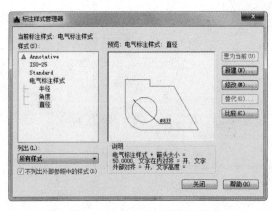

图 3-89　创建"直径标注"样式

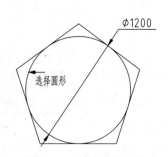

图 3-90　创建直径标注

7. 快速标注

调用快速标注命令，系统会快速识别图形并创建相应的尺寸标注。

快速标注命令的调用方式有以下两种。

➢ 面板：单击"注释"面板上的"快速标注"命令按钮▣。

➢ 命令行：在命令行中输入 QDIM 并按下回车键。

执行上述任意一项操作，命令行提示如下。

命令:_qdim↙
关联标注优先级=端点
选择要标注的几何图形：找到 1 个
选择要标注的几何图形：

指定尺寸线位置或［连续（C）/并列（S）/基线（B）/坐标（O）/半径（R）/直径（D）/基准点（P）/编辑（E）/设置（T）］＜半径＞：

执行命令后，系统会根据所选择的图形来创建尺寸标注。如选择线段，则创建线性标注；选择圆弧或圆形，则创建半径标注，等等。

8．连续标注

调用连续标注命令，可以创建从上一次所创建标注的延伸线处开始的标注。连续标注命令的调用方式有以下两种。

➢ 面板：单击"注释"面板上的"连续标注"命令按钮▥。

➢ 命令行：在命令行中输入 DIMCONTINUE/DCO 并按下回车键。

执行上述任意一项操作，命令行提示如下。

命令:DCO↙
DIMCONTINUE
指定第二个尺寸界线原点或[选择(S)/放弃（U）]＜选择＞：
标注文字=661
指定第二个尺寸界线原点或［选择（S）/放弃（U）］＜选择＞：
标注文字=1144
指定第二个尺寸界线原点或［选择（S）/放弃（U）］＜选择＞：＊取消＊
//向右移动鼠标依次指定下一个尺寸界线原点，创建连续标注的结果如图 3-91 所示。

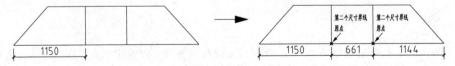

图 3-91　创建连续标注

值得注意的是，连续标注命令仅对线性标注起作用，对其他类型的尺寸标注，如角度标注、半径标注等无任何作用。

3.3.3　编辑尺寸标注

在 AutoCAD 中可以对尺寸标注执行各种编辑操作，如调整尺寸界线的倾斜角度，控制标注文字的位置，等等。本节介绍编辑尺寸标注的操作方法。

1.调整尺寸界线的角度

在大型图样中，由于图形对象多种多样，因此各类尺寸标注也掺杂其中，此时应注意不要使尺寸标注与不相关的图形发生冲突，以免影响图形的表达功能与尺寸标注的注释功能。

调用倾斜命令可以调整尺寸界线的角度，可使尺寸标注与所标注的图形相对应。

倾斜命令的调用方式有以下两种。

➢ 面板：单击"注释"面板上的"倾斜"命令按钮 H 。

➢ 命令行：在命令行中输入 DIMEDIT 并按下回车键。

执行上述任意一项操作，命令行提示如下。

命令:_dimedit↙
输入标注编辑类型［默认 (H)/新建 (N)/旋转 (R)/倾斜 (O)］<默认>：_o
选择对象：找到 1 个
输入倾斜角度（按 ENTER 表示无）：60

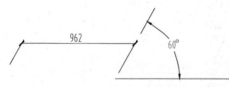

选中尺寸标注，输入角度值，按下回车键可完成调整尺寸界线角度的操作，结果如图 3-92 所示。

2.调整文字角度

调用文字角度命令，可以通过指定角度值来调整标注文字的角度。

图 3-92　调整尺寸界线的角度

文字角度命令的调用方式有以下两种。

➢ 面板：单击"注释"面板上的"文字角度"命令按钮 。

➢ 命令行：在命令行中输入 DIMTEDIT 并按下回车键。

执行上述任意一项操作，命令行提示如下。

命令:_dimtedit↙
选择标注：
为标注文字指定新位置或［左对齐 (L)/右对齐 (R)/居中 (C)/默认 (H)/角度 (A)］：_a
　指定标注文字的角度：45

选择尺寸标注，指定旋转角度值，按下回车键可调整标注文字的角度，如图 3-93 所示。系统自动打断尺寸线，防止其阻挡标注文字的显示。

3.对正标注文字

标注文字的对正方式有三种，分别是左对正、居中对正与右对正。

图 3-93 调整标注文字的角度

❑ 左对正

调用左对正命令，可以向左对齐标注文字。

左对正命令的调用方式有以下两种。

➤ 面板：单击"注释"面板上的"左对正"命令按钮⊨⊣；

➤ 命令行：在命令行中输入 DIMTEDIT 并按下回车键。

执行上述任意一项操作，命令行提示如下。

命令：_dimtedit↙
选择标注：
为标注文字指定新位置或［左对齐（L）/右对齐（R）/居中（C）/默认（H）/角度（A）］：L

单击标注文字即可将其调整为左对齐，如图 3-94 所示。

图 3-94 左对齐标注文字

❑ 居中对正

调用居中对正命令，可以将标注文字居中对齐。

居中对正命令的调用方式有以下两种。

➤ 面板：单击"注释"面板上的"居中对正"命令按钮⊢⊠⊣；

➤ 命令行：在命令行中输入 DIMTEDIT 并按下回车键。

执行上述任意一项操作，命令行提示如下。

命令：_dimtedit↙
选择标注：
为标注文字指定新位置或［左对齐（L）/右对齐（R）/居中（C）/默认（H）/角度（A）］：C

选择标注文字，即可将其以居中对正的方式对齐，如图 3-95 所示。

图 3-95　居中对齐标注文字

❑　右对正

调用右对正命令，可以将标注文字右对齐。

右对正命令的调用方式有以下两种。

➢ 面板：单击"注释"面板上的"右对正"命令按钮⊢ꟷ⊣。

➢ 命令行：在命令行中输入 DIMTEDIT 并按下回车键。

执行上述任意一项操作，命令行提示如下。

命令：_dimtedit↙
选择标注：
标注文字指定新位置或［左对齐（L）/右对齐（R）/居中（C）/默认（H）/角度（A）］：R

选择尺寸标注，即可将其以右对正的方式对齐，如图 3-96 所示。

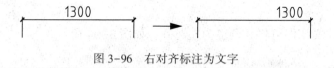

图 3-96　右对齐标注为文字

3.4　多重引线标注

与文本标注、尺寸标注的功能相同，多重引线标注也为图形提供注释作用，并包含注释文字与指示箭头。本节介绍创建多重引线标注样式与绘制、编辑多重引线标注的方法。

3.4.1　创建多重引线标注样式

调用多重引线样式命令，在调出的【多重引线样式管理器】对话框中可以创建或者修改多重引线样式。

多重引线标注样式命令的调用方式有以下两种。

➢ 面板：单击"注释"面板上的"多重引线样式管理器"命令按钮◥。

➢ 命令行：在命令行中输入 MLEADERSTYLE 并按下回车键。

执行上述任意一项命令，调出如图 3-97 所示的【多重引线样式管理器】对话框。单击右侧的"新建"按钮，在弹出的【创建新多重引线样式】对话框中设置新样式的名称，如图3-98所示。

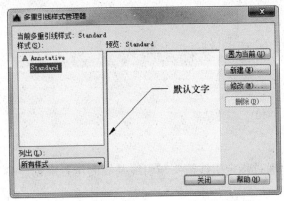

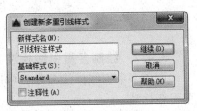

图3-97 【多重引线样式管理器】对话框　　图3-98 【创建新多重引线样式】对话框

　　单击"继续"按钮，在【修改多重引线样式：引线标注样式】对话框中选择"引线格式"选项卡，设置"常规"选项组、"箭头"选项组下的参数，如图3-99所示。

　　选择"内容"选项卡，分别设置文字的各项参数，如文字样式、文字角度以及文字颜色等，如图3-100所示。

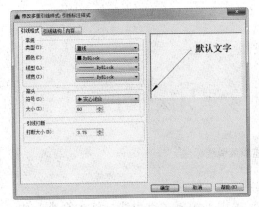

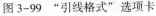

图3-99 "引线格式"选项卡

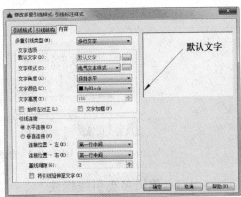

图3-100 "内容"选项卡

　　单击"确定"按钮返回【多重引线样式管理器】对话框，选择新引线标注样式，单击"置为当前"按钮，接着再单击"关闭"按钮，关闭对话框以完成创建多重引线样式的操作，如图3-101所示。

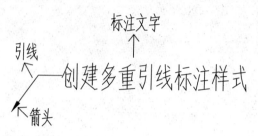

图 3-101　创建结果

3.4.2　绘制多重引线标注

调用多重引线标注命令，可以通过指定引线箭头与引线基线的位置来创建多重引线标注。

多重引线标注命令的调用方式有以下两种。

➢ 面板：单击"注释"面板上的"多重引线"命令按钮 ⌐ 。

➢ 命令行：在命令行中输入 MLEADER/MLD 并按下回车键。

执行上述任意一项操作，命令行提示如下。

命令:MLD↙

MLEADER

指定引线箭头的位置或[引线基线优先(L)/内容优先（C)/选项（O)] <选项>:

指定引线基线的位置：　　　　　//分别指定箭头与基线的位置，创建结果如图 3-102 所示。

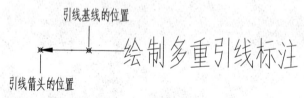

图 3-102　创建多重引线标注

3.4.3　编辑多重引线标注

在"注释"面板的"引线"选项中，提供了编辑多重引线标注的命令，如对齐引线、合并引线、删除引线等，本节介绍这些编辑命令的操作方法。

1. 对齐引线

对齐命令的调用方式有以下两种。

➢ 面板：单击"注释"面板上的"对齐"命令按钮 ⌐ ；

➢ 命令行：在命令行中输入 LIEADERALIGN 并按下回车键。

执行上述任意一项操作，命令行提示如下。

命令: _mleaderalign↙
选择多重引线: 指定对角点: 找到 3 个
当前模式: 使用当前间距
选择要对齐到的多重引线或 [选项(O)]:
指定方向:

选择待执行对齐操作的三个多重引线标注并按下回车键，接着选择"感烟火灾探测器"为"要对齐到的多重引线"，向上移动鼠标指定方向，对齐引线标注的结果如图 3-103 所示。

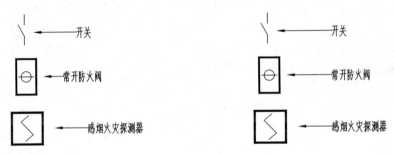

图 3-103　对齐多重引线标注

2. 添加引线

单击"注释"面板上的"添加引线"命令按钮 🗡，命令行提示如下。

选择多重引线:
找到 1 个
指定引线箭头位置或[删除引线(R)]:

选择"开关"引线标注，向左下角移动鼠标，单击指定引线箭头的位置，按下回车键即可完成添加引线的操作，如图 3-104 所示。

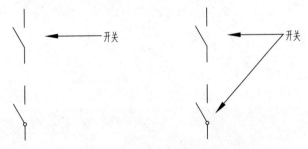

图 3-104　添加多重引线标注

3. 合并与删除引线

单击"注释"面板上的"合并"命令按钮 ⟨⟨8⟩，可将包含块的选定多重引线组织到行或者列中去，并使用单引线来显示结果。

单击"注释"面板上的"删除引线"命令按钮 ⟨⟨⟩，可将引线从现有的多重引线中删除。

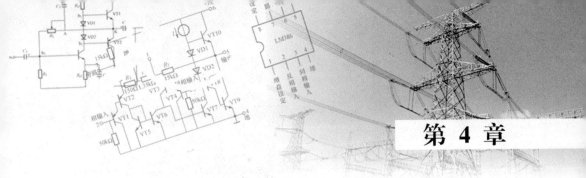

第 4 章

快 速 绘 图 工 具

通过插入图块以及打开【设计中心】选项板，可以快速地执行插入图形、编辑图形的操作。本章介绍这两类快速绘图工具的使用。

4.1 图块及其属性

使用 AutoCAD 来绘制电气图样，在绘图期间需要使用各种各样的图形来进行设计表达。通过将图形创建成块，不仅方便调用，还可将其存储至电脑，供下次调用。

4.1.1 创建图块

调用创建块命令，可以通过选择对象、指定插入点并为其命名来创建块定义。

创建块命令的调用方式有以下两种。

➤ 面板：单击"插入"面板上的"创建块"命令按钮▢。

➤ 命令行：在命令行中输入 BLOCK/B 并按下回车键。

执行上述任意一项操作，系统调出如图 4-1 所示的【块定义】对话框。在"基点"选项组下单击"拾取点"按钮▢，在开关图形上指定拾取基点。按下回车键返回对话框，在"对象"选项组下单击"选择对象"按钮➕，框选开关图形。接着在"名称"选项中设置图块名称为"开关"，如图 4-1 所示。单击"确定"按钮关闭对话框可完成创建图块的操作。

4.1.2 插入图块

调用插入命令，可以将块或者图形插入到当前图形中。

插入命令的调用方式有以下两种。

➤ 面板：单击"插入"面板上的"插入"命令按钮▢。

➤ 命令行：在命令行中输入 INSERT/I 并按下回车键。

执行上述任意一项操作，系统调出如图 4-2 所示的【插入】对话框。在

图 4-1　创建图块

"名称"列表中选择待插入的图块,在"比例"选项组与"旋转"选项组下可以设置图块的插入比例与旋转角度。单击"确定"按钮,同时命令行提示如下。

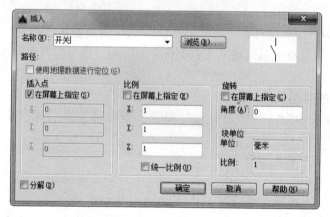

图 4-2　【插入】对话框

命令:I↙

INSERT

指定插入点或[基点(B)/比例(S)/X/Y/Z/旋转(R)]:

通过单击指定插入点可以完成插入图块的操作。其中,输入命令行中的各选项可以执行相应的操作。如输入 B,可以修改插入基点,输入 S,可修改图块比例。

4.1.3　定义图块属性

调用定义属性命令,可以创建用于在块中存储数据的属性定义,属性可以存储数据,如编号、名称等。

定义属性命令的调用方式有以下两种。

➢ 面板：单击"插入"面板上的"定义属性"命令按钮。

➢ 命令行：在命令行中输入 ATTDEF 并按下回车键。

执行上述任意一项操作，系统调出如图 4-3 所示的【属性定义】对话框。在"属性"选项组下设置各参数，在"文字设置"选项组下选择"电气文本样式"。单击"确定"按钮，点取文字属性的插入点，为温度调节阀图块创建文字属性的结果如图 4-4 所示。

图 4-3 【属性定义】对话框

4.1.4 编辑图块属性

双击图块的文字属性，系统调出如图 4-5 所示的【编辑属性定义】对话框。在其中可以修改属性参数，单击"确定"按钮关闭对话框可以完成修改操作。

调用 B【创建块】命令，选择温度调节阀以及文字属性，将其创建成块，此后在调入温度调节阀图块时将附带文字属性。

图 4-4 创建文字属性

图 4-5 【编辑属性定义】对话框

双击图块，调出如图 4-6 所示的【增强属性编辑器】对话框。在其中不仅可以更改文字属性的内容，还可更改标注文字的属性。

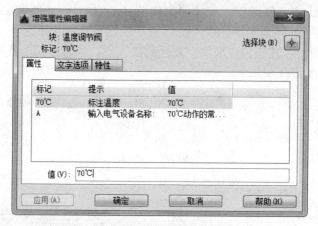

图 4-6 【增强属性编辑器】对话框

单击选择"文字选项"卡、"特性"选项卡，可以在其中分别修改文字的样式、对齐方式、图层等，如图 4-7 所示。

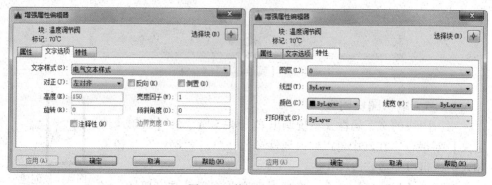

图 4-7 修改文字属性

4.2 设计中心与工具选项板

通过调出【设计中心】选项板，可以直观地显示选中文件夹下的内容。其中，用户可以对其中的内容进行编辑，如可从选项板中直接将图块插入至当前视图，此外，文字样式、标注样式等也可复制到当前视图中去。

【设计中心】选项板为绘图提供来方便，本节介绍其使用方法。

4.2.1 设计中心的应用

调用设计中心命令，可以关闭或者打开设计中心窗体，以提高绘图效率。
设计中心命令的调用方式有以下两种。

➤ 面板：单击"插入"面板上的"设计中心"命令按钮 ▦。

➤ 组合键：按下 Ctrl+2 组合键。

执行上述任意一项操作，系统调出如图 4-8 所示的【设计中心】选项板。
在左侧的"文件夹"列表中选择目标文件所在的文件夹，单击展开。

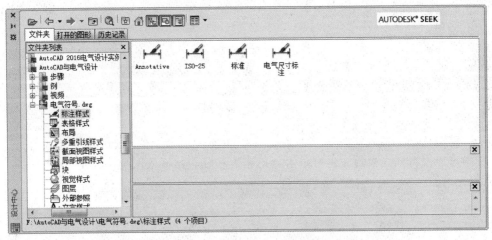

图 4-8 【设计中心】选项板

选中目标文件，单击文件名称前的+，在展开的列表中即可显示该文件所包
含的内容，如样式、布局、图块等。

单击"标注样式"选项，可在右侧的预览窗口中显示文件所包含的所有标
注样式。单击选中标注样式，按住鼠标左键不放，将其拖动至当前视图中，即可
完成添加操作。

此时命令行提示如下。

命令：
正在用[gbcbig.shx]替换[SIMPLEX]。
标注样式已添加。重复的定义将被忽略。

其他样式如表格样式、多种引线样式、文字样式也可通过拖曳添加至当前图
形中。

单击"块"选项，可在右侧的预览框中显示文件中所包含的图块。在图块
上右击，调出如图 4-9 所示的菜单，通过选择其中的选项可以对图块进行各项操

113

作，如插入图块、复制图块等。

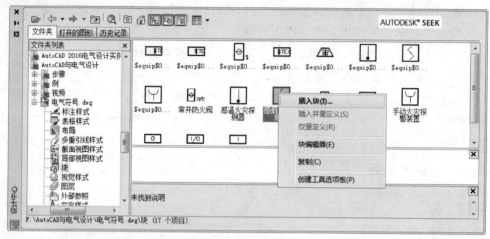

图 4-9　右键菜单

单击选择"插入块"选项，系统调出如图 4-10 所示的【插入】对话框。在其中可以设置插入参数，也可单击"确定"按钮直接插入图块。

图 4-10　【插入】对话框

选择"复制"选项，可直接将图块复制到当前视图中。选择"创建工具选项板"选项，可以打开【工具】选项板，并在其中自动新建一个类别，该图块即位于新类别中。

4.2.2　工具选项板

AutoCAD 中的工具选项板包含了多种类型的工具，如建筑、电力、机械等，通过选项板可以调用与各专业相关的图块。

在命令行里输入 TOOLP/ TOOLPALETTES 按下回车键，系统调出如图 4-11

所示的工具选项板。在左侧的选项标签中显示了选项板中内容的类型，如建模、约束、注释、建筑等。

单击选择其中一个选项标签，如电力，右击选择任意一个图块，调出如图4-12所示的菜单，通过选择菜单中的选项，可以对图块执行各项操作。

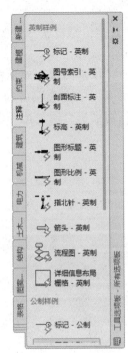

图4-11 工具选项板

图4-12 "电力"选项标签

选择"块编辑器"选项，软件自动转换至块编辑器界面，如图4-13所示，

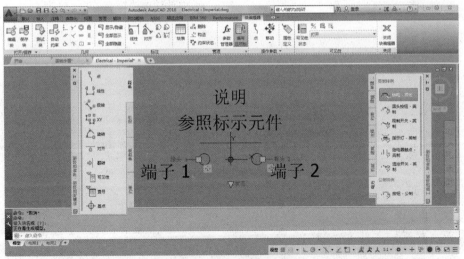

图4-13 块编辑器界面

在界面中可以为图块添加各种动作，如对齐、翻转等，编辑完毕后，单击"保存块"按钮 ，可以保存操作。

选择"重命名"选项，被选中的图块名称可进入在位编辑状态，如图 4-14 所示，输入新名称按下回车键，可以完成重命名图块的操作。

选择"指定图像"选项，调出如图 4-15 所示的【指定图像】对话框。在其中可以分别设置图块的浅色主题图像与深色主题图像，单击选项后的"浏览"按钮，可以调出如图 4-16 所示的【选择图像文件】对话框，通过选择电脑中所存储的图像，来完成指定操作。

图 4-14　在位编辑状态

图 4-15　【指定图像】对话框

图 4-16　【选择图像文件】对话框

选择"特性"选项，调出如图 4-17 所示的【工具特性】对话框，在其中显示了所选图块的各类特性，如名称、比例、旋转角度等。

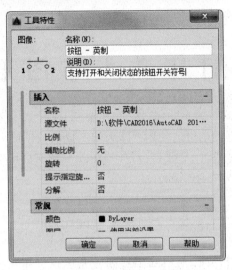

图 4-17　【工具特性】对话框

在选项板中选中图块后，命令行提示指定插入点，在绘图区中单击指定插入点，系统调出如图 4-18 所示的【编辑属性】对话框，在其中显示了图块的各属性，单击"确定"按钮，关闭对话框后可以完成插入图块的操作。

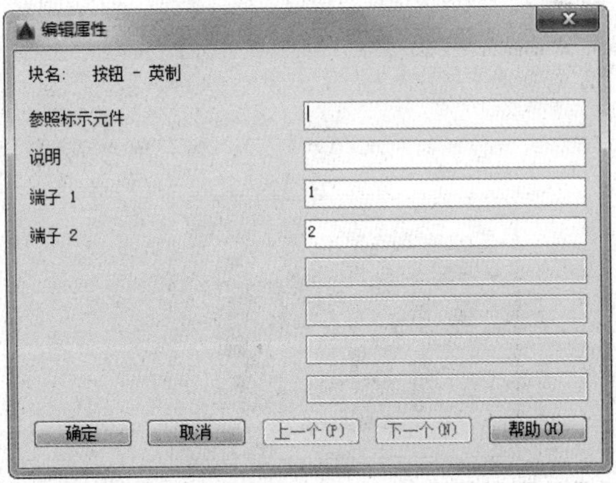

图 4-18　【编辑属性】对话框

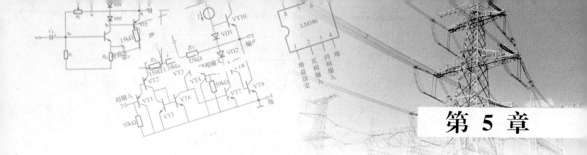

第 5 章

打 印 和 发 布 图 形

绘制图样的最终目的是付诸使用，即为施工提供依据或者指导。使用 AutoCAD 绘图软件所绘制的电气图样，需要经过打印输出才可将其应用到实际工作中去。

本章介绍打印及发布图形的方法。

5.1 创建及管理布局

在 AutoCAD 中可以在模型空间中打印发布图形，也可在布局空间中打印发布图形。其中，了解打印参数的设置是必不可少的，本节介绍创建及管理打印参数的操作方法。

5.1.1 模型空间

启动 AutoCAD 应用程序后，系统默认选择模型空间。在模型空间中，拥有无限的绘图区域。可以绘制、编辑以及查看各类图形，是主要的工作空间，如图 5-1 所示。

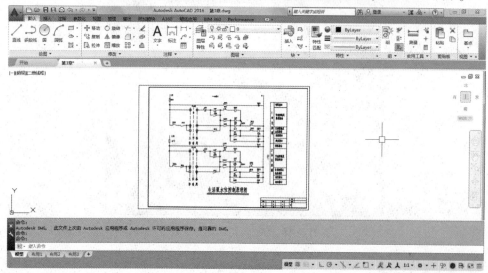

图 5-1 模型空间

通常情况下，在模型空间中使用 1：1 的比例来绘制图形。也可自定义绘图比例，即决定最方便、最经常使用的绘图比例。用户可以确定一个单位是表示一毫米、一英寸还是一英尺，我们通常的绘图单位是毫米。

十字光标在模型空间中处于激活状态，可以选中或者编辑图形。通过调出【选项】对话框，可以设置十字光标的大小。

5.1.2 布局空间

布局空间又称图样空间，在其中可以创建视口、标注图形以及添加注释等。在布局空间中的一个单位表示打印图样上的图样距离，在设置绘图仪的打印参数时，用户可以自行决定单位是毫米或者英寸。

转换至布局空间，系统自动创建一个视口。激活并进入视口，可以编辑和查看模型空间中的图形对象，如图 5-2 所示。在布局空间中，十字光标同样处于激活状态。

通常情况下，在模型空间里绘制和编辑图形，在布局空间里设置参数来打印输出图形。

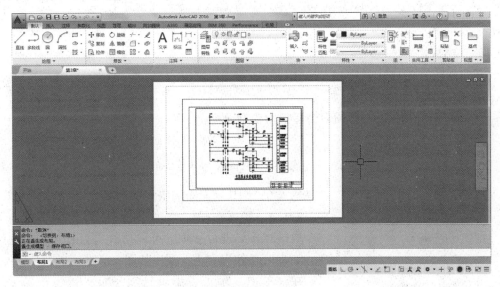

图 5-2 布局空间

5.1.3 在模型空间与布局空间中切换

在绘图的时候需要根据不同的情况在模型空间与布局空间之间切换。如在模型空间中可以创建和编辑模型，而在布局空间中可以构造图样以及定义视图。

1. 按钮切换

在工作界面的左下角单击“模型”按钮与“布局”按钮，可以在模型空间与布局空间之间切换，如图 5-3 所示。当"模型"按钮亮显时，表示当前的图形窗口为模型空间；当"布局"按钮亮显时，则表示当前的图形窗口为布局空间。

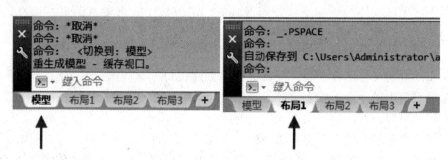

图 5-3　按钮切换

2. 设置系统变量

通过设置系统变量 TILEMODE 的参数值，可以控制当前工作空间的类型。在命令行中输入 TILEMODE 并按下回车键，命令行提示如下。

命令：TILEMODE
输入 TILEMODE 的新值<0>：
仅需要 0 或 1；
输入 TILEMODE 的新值<0>：1 恢复缓存的视口。

输入 1，则当前图形窗口会转换为模型窗口。

命令：TILEMODE
输入 TILEMODE 的新值<1>：0 恢复缓存的视口-正在重生成布局。

输入 0，则切换至布局空间。

5.1.4　管理布局

通过对布局进行管理，可以使其符合使用要求。在"布局"按钮上右击，调出如图 5-4 所示的快捷菜单。在菜单中显示了各编辑选项，如"新建布局""删除""重命名"等，选择其中的选项，可以对布局执行相应的编辑操作。

如选择"新建布局"选项，可以在已有的布局的基础上新添一个布局。选择"从样板"选项，调出如图 5-5 所示的【从文件选择样板】对话框。在其中可以选择对话框中所包含的图形样板，单击"打开"按

新建布局(N)
从样板(T)…
删除(D)
重命名(R)
移动或复制(M)…
选择所有布局(A)
激活前一个布局(L)
激活模型选项卡(C)
页面设置管理器(G)…
打印(P)…
绘图标准设置(S)…
将布局作为图纸输入(I)…
将布局输出到模型(X)…
与状态栏对齐固定

图 5-4　右键菜单

钮，可以在此基础上创建新布局。

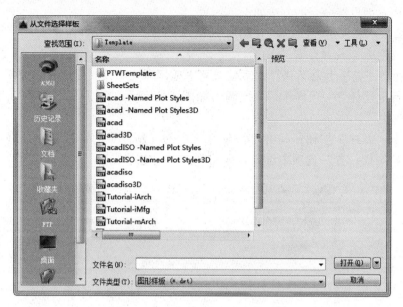

图 5-5 【从文件选择样板】对话框

选择"删除"选项，系统调出如图 5-6 所示的提示对话框，提醒用户选定的布局会被永久删除。选择"移动或复制"选项，调出如图 5-7 所示的【移动或复制】对话框，在其中可以选择布局的移动位置以及是否创建布局副本。

图 5-6 提示对话框

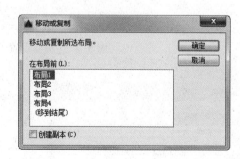

图 5-7 【移动或复制】对话框

5.1.5 页面设置

从模型空间转换至布局空间后，系统默认创建一个视口。在视口中显示在当前打印配置下的图样尺寸以及可以打印的区域。通过执行"页面设置"操作，可以设置打印设备及打印布局的参数，还可保存页面设置，并将其应用到其他布局中去。

调用页面设置命令的方法如下。

➢面板：在菜单栏上选择"输出"选项，单击"输出"面板上的"页面设置管理器"命令按钮 🗋。

➢在"布局"按钮右击，在右键菜单中选择"页面设置管理器"选项。

执行上述任意一项操作，系统调出如图5-8所示的【页面设置管理器】对话框。

单击"新建"按钮，调出如图5-9所示的【新建页面设置】对话框。在其中的"新页面设置"选项中设置名称，单击"确定"按钮。

图 5-8 【页面设置管理器】对话框

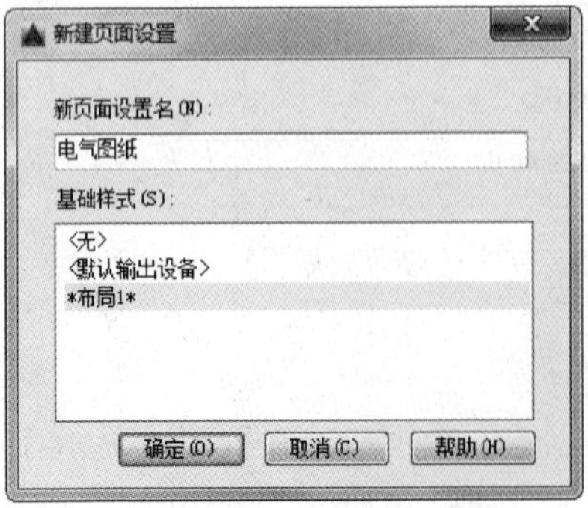

图 5-9 【新建页面设置】对话框

在如图5-10所示的【页面设置—布局1】对话框中设置绘图仪以及打印样式参数。在"打印机/绘图仪"选项组下设定打印机的类型，在"图纸尺寸"选项组下选择 A3 格式，在"打印样式表"选项组下设定样式为 acad.ctb，在"图形方向"选项组设定打印方向为"横向"。

单击"确定"按钮返回【页面设置管理器】对话框，选择新页面设置，单击"置为当前"按钮，即可在其中显示当前页面设置为"电气图纸",如图 5-11 所示。

单击"关闭"按钮,即可完成布局页面设置的操作。

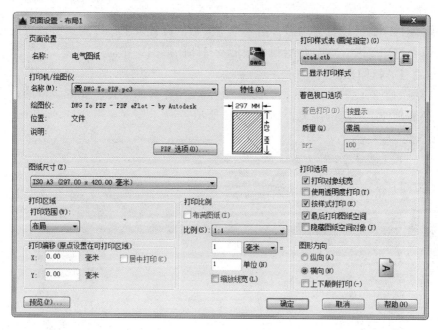

图 5-10 【页面设置—布局 1】对话框

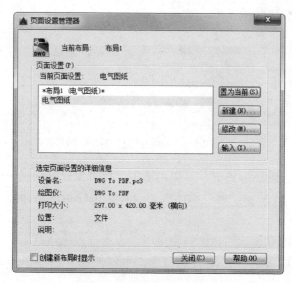

图 5-11 "置为当前"操作

5.2 打 印 图 形

各项打印参数设置完毕后，需要预览参数的设置效果，以观察所设置的参数是否符合打印要求。本节介绍预览图形及打印图形的操作。

5.2.1 打印预览

布局的页面设置完成之后，布局空间会发生相应的变化，如虚线框的范围向左右两侧延伸了一定的距离，如图 5-12 所示。

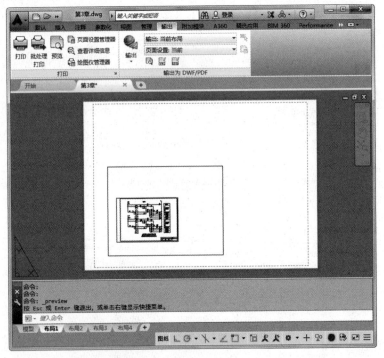

图 5-12 页面设置的结果

视口的范围影响图形的显示，单击选中视口边框，可在视口的四个顶点显示其夹点，如图 5-13 所示。通过激活夹点，移动鼠标指定延伸点，可以调整视口的大小。

在视口边框内双击，当边框线粗显时，表示进入编辑状态，可以在视口内调整图形的显示。通过执行"缩放"命令，可以使视口内的图形最大化显示，如图 5-14 所示。

在视口外双击，可以退出图形的编辑，视口边框的线型也重新以细实线的方式来显示，如图 5-15 所示。

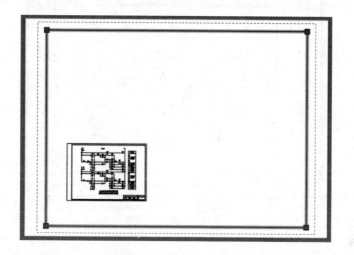

图 5-13　调整视口大小

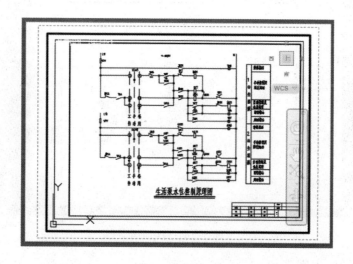

图 5-14　图形最大化

单击"打印"面板上的"预览"按钮，可以进入预览模式，在打印输出之前先查看图样的打印效果，如图 5-16 所示。单击"关闭预览窗口"按钮，可以返回布局空间。

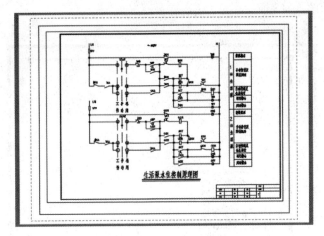

图 5-15　退出视口编辑

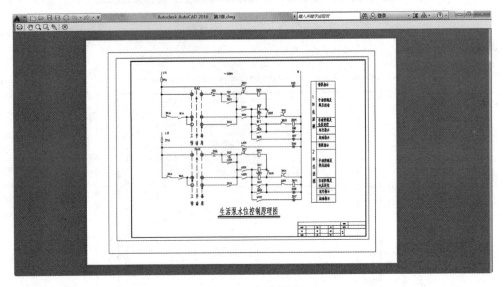

图 5-16　打印预览

5.2.2　输出图形

在预览窗口中单击"打印"按钮⏷，系统调出如图 5-17 所示的【浏览打印文件】对话框，在其中设置打印文件的名称及存储路径。

单击"保存"按钮，系统显示如图 5-18 所示的【打印作业进度】对话框，显示图样正在打印输出中。待对话框关闭，则表示图样已完成输出操作。用户可到存储文件夹中查看打印结果。

图 5-17 【浏览打印文件】对话框

图 5-18 【打印作业进度】对话框

5.3 发 布 DWF 文 件

通过在 AutoCAD 中执行发布操作，可以创建图样图形集或者电子图形集，即打印的图形集的数字形式。国际上通用 DWF（Design Web Format，图形网络格式）图形文件格式。将图样输出为 DWF 格式后，可以在任何装有网络浏览器和 Autodesk WHIP! 插件的计算机中打开、查看以及输出。

5.3.1 输出 DWF 文件

输出 DWF 文件的步骤为，首先创建 ePlot 配置文件，接着创建 WDF 文件，最后输出 DWF 文件。通过使用 AutoCAD 的 ePlot 功能，可以将电子图形文件发布到 Internet 上，所创建的文件以 Web 图形格式（DWF）保存。DWF 文件支持实时平移、缩放，还可控制图层、命名视图和嵌入超链接的显示。

在"输出"面板上单击"打印"按钮🖨，调出【打印—布局 1】对话框。在其中单击"打印机/绘图仪"选项组下的"名称"选项，在菜单中选择 DWF6 ePlot. pc3 选项，如图 5-19 所示。

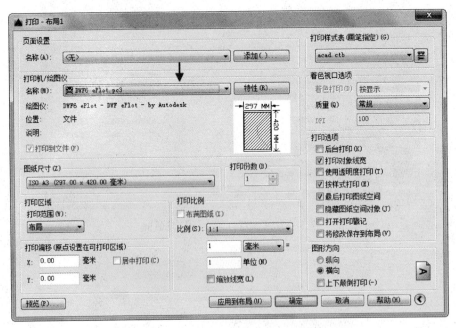

图 5-19　【打印—布局 1】对话框

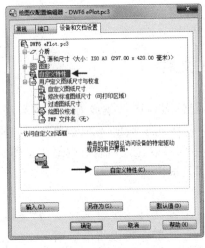

图 5-20　【绘图仪配置编辑器】对话框

单击选项后的特性按钮，调出如图 5-20 所示的【绘图仪配置编辑器】对话框。在列表中选择"自定义特性"选项，单击"自定义特性"按钮。

在如图 5-21 所示的【DWF6 ePlot 特性】对话框中设置矢量分辨率、光栅图像分辨率等参数。单击"确定"按钮返回【打印—布局 1】对话框。

在对话框中单击"确定"按钮，在如图 5-22 所示的【浏览打印文件】对话框中设置文件名称及存储路径，在"文件类型"选项中显示该文件格式为 DWF。单击"保存"按钮，系统调出【打印作业进度】

对话框，显示打印进程。

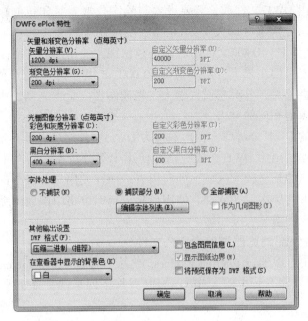

图 5-21 【DWF6 ePlot 特性】对话框

图 5-22 【浏览打印文件】对话框

5.3.2　指定 DWF 文件的分辨率

在打印输出 DWF 文件前，需要设置与绘图仪或者打印机的输出相匹配的分辨率。其中，高分辨率（即大于 2400dpi）的可用来查看。如创建包含大量细节的 DWF 图形文件时，DWF 文件中的图形越精细，使用的分辨率设置就越高。

在必要时也可使用最大分辨率（即 40 000dpi 以上），则有可能生成特别大的文件。需要注意的是，分辨率设置越大，光栅图像质量也越高，则打印速度也降低，内存的要求也相应的增大。

设置不同的 DWF 分辨率，图形输出为 DWF 文件后可以具有不同的精度。如将中国地图打印输出为 DWF 格式，则在使用中等分辨率的情况下，可以将地图缩放至中国地图的某一较大区域，如四川省。而在使用高分辨率的情况下，可将地图缩放到城市的层次，如成都。使用最高分辨率可将中国地图缩放精确到建筑物的层次，如成都市某大厦。

5.3.3　在外部浏览器浏览 DWF 文件

在计算机中可以通过 Internet Explorer 或者 Netscape Communicator 浏览器中查看 DWF 文件。在命令行中输入 BROWSER 并按下回车键，命令行提示如下。

命令：BROWSER✓
输入网址（URL）　<http: //www. autodesk. com. cn>:

按下回车键默认系统所提供的站点，或者在命令行中输入新网址，再次按下回车键后可以启动 Web 浏览器。

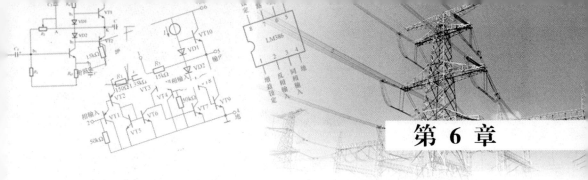

第 6 章

电气制图规则及其表现方式

各种类型的施工图样在绘制的过程中都应该遵循国家所指定的绘图标准。如在绘制电气工程图样时需要按照《国家电气制图标准》中的规范来进行绘制。因此制图人员需要熟练运用制图标准，以便图样符合标准。

本章介绍电气制图的规则及其符号/代码的表现方式、代表的意义。

6.1 电气工程图的分类

电气工程图依据不同的表达对象可以分为各种类型，有电气系统图、电路原理图、电气平面图等，本节介绍电气图纸的分类情况。

6.1.1 电气系统图

电气系统图用来表示整个工程或其中某一项目的供电方式和电能输送的关系，可以表示某一装置各主要组成部分的关系，例如电气一次主接线图、火灾报警及消防联动系统图（如图 6-1 所示）、建筑供配电系统图以及控制原理图等。

6.1.2 电路原理图

电路原理图用来表示某一系统或者装置的工作原理，例如机床电气原理图、电动机控制回路图以及继电保护原理图、生活泵水位控制原理图（如图 6-2 所示）等。

6.1.3 安装接线图

安装接线图用来表示电气装置的内部各元件之间，以及其他装置之间的连接关系，以方便设备的安装、调试及维护。如磁力启动器电路图、磁力启动器接线图、启动器接线原理图（如图 6-3 所示）等。

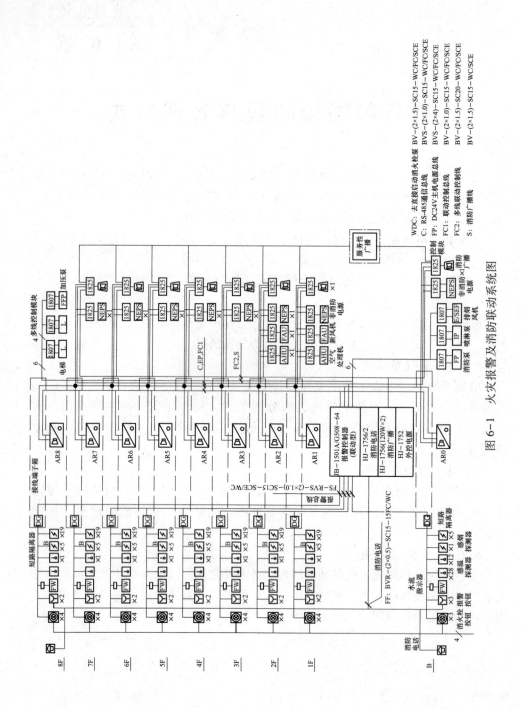

图 6-1　火灾报警及消防联动系统图

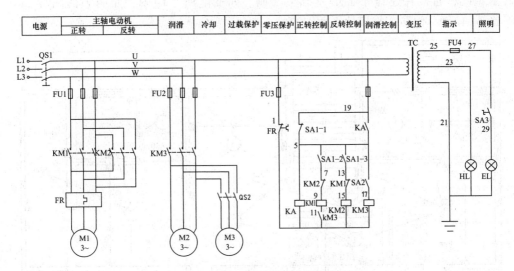

图 6-2 生活泵水位控制原理图

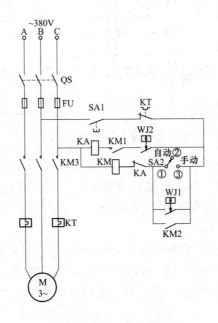

图 6-3 启动器接线原理图

6.1.4 电气平面图

电气平面图主要用来表示某一类电气工程的电气设备、装置和线路的平面布

133

置情况，通常在建筑平面的基础上绘制。如变电所平面图、照明平面图（如图6-4所示）、防雷与接地平面图等。

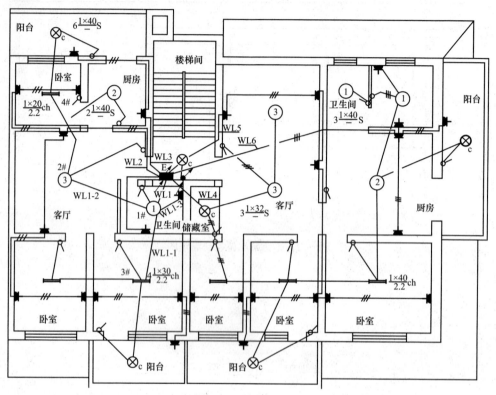

图6-4　照明平面图

6.1.5　设备布置图

设备布置图用来表示各种设备的布置方式、安装方式以及相互间的尺寸关系，如平面布置图、立面布置图、断面图等。

6.1.6　大样图

大样图用来表示电气工程中某一部件的结构，用来指导加工与安装，如图6-5所示为屋顶防雷平面图的局部大样图，用来表示该区域防雷设备的布置。其中有一部分大样图为国家标准图，在需要时可以从标准图集调用，不需要另行绘制。

6.1.7　产品使用说明电气图

在电气工程中所选用的设备或者装置，生产厂家一般会随产品附上电气图，以便安装人员或者使用人员了解其内部的电气结构。

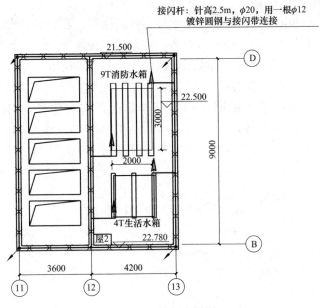

图6-5　局部大样图

6.1.8　设备元件和材料表

设备元件及材料表示把某一电气工程中所使用到的设备、元件和材料列成表格，并标注其名称、符号、型号、规格以及数量等，如表6-1所示。

表6-1　　　　　　　　　　随着电动机容量改变的设备表

控制箱型号	被控电动机功率（kW）	低压断路器脱扣器额定电流（A）	交流接触器额定电流（A）	热断电器		控制箱尺寸（mm）
				规格	额定电流	
XFK-2/15-7	15	40（50）	40	60/3D	32	600×800×250
XFK-2/18.5-7	18.5	50（63）			45	
XFK-2/22-7	22	63（80）	63		63	600×1200×300
XFK-2/30-7	30	80（100）			63	
XFK-2/37-7	37	100（125）	100	150/3D	85	
XFK-2/45-7	45	125（160）			120	
XFK-2/55-7	55	160（180）	160		120	600×1600×300
XFK-2/75-7	75	180（200）			160	

注　括号内电流值为主进线低压短路器脱扣器额定电流（A）。

6.1.9　其他电气图

以上所列举的电气图为电气工程中最主要的图纸，在组成一套电气工程图集时必不可少。但是在绘制一些较为大型、复杂的工程图纸时，需要再绘制其他一些辅助性的图纸，如逻辑图、功能图、曲线图、各类表格等。

此外，除了主要类型的电气图纸外，在图集的前面还应该添加前言以及目录。其中，前言是为了说明工程的基本概况，内容包括设计说明、图例、设备材料表、工程经费概算等。通过对图集的所有图纸编成目录，以方便检索图样、查阅图纸，内容主要由序号、图名、图纸编号、张数、备注等构成。

6.2　电气制图规范

国家制图标准规定了电气制图的相关规范，在绘制电气图时应了解并遵守这些规范，以确保所绘图形的准确。本节介绍电气制图的相关规范。

6.2.1　电气图纸的格式及幅面

本节介绍图纸格式的类型以及图纸幅面可选用的尺寸。

1. 图纸格式

电气工程图的图纸格式由图框线、标题栏、幅面线、装订线和对中标志组成，与建筑图纸的格式基本相同，如图6-6～图6-8所示。

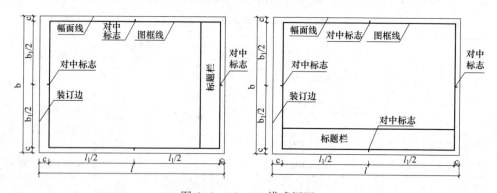

图6-6　A0—A3横式幅面

2. 幅面尺寸

图纸幅面指由图框线所围成的图面。电气图的幅面尺寸可以分为A0、A1、A2、A3、A4，幅面尺寸及代号见表6-2。

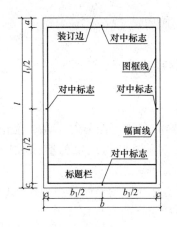 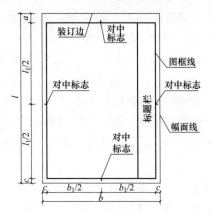

图 6-7　A0—A4 横式幅面（一）　　图 6-8　A0—A4 横式幅面（二）

表 6-2　　　　　　　　　　　幅面和图框尺寸（mm）

尺寸代号 ＼ 幅面代号	A0	A1	A2	A3	A4
$b×l$	841×1189	594×841	420×594	297×420	210×297
c	10			5	
a	25				

注　b—幅面短边尺寸；l—幅面长边尺寸；c—图框线与幅面线间宽度；a—图框线与装订边之间的宽度。

其中，A0—A2 号的图纸通常情况下不得加长。A3、A4 号图纸可根据需要，沿短边加长，如 A4 号图纸的短边长为 210mm，假如加长为 A4×4 号图纸，则图纸尺寸为 210×4≈841，因此 A4×4 的幅面尺寸为 297×841。

加长幅面尺寸见表 6-3。

表 6-3　　　　　　　　　　　加长幅面尺寸

序号	代号	尺寸（mm）	序号	代号	尺寸（mm）
1	A3×3	420×891	4	A4×4	297×841
2	A3×4	420×1189	5	A4×5	297×1051
3	A4×3	297×630			

图纸幅面的选用原则有以下几点。

（1）所选用的幅面，要求图面布局紧凑、清晰和使用方便。

（2）考虑设计对象的规模及复杂性。

（3）由简图的种类来确定所需资料的详细程度。

（4）符合打印、复印要求。

（5）尽量选用较小的幅面，以方便图纸的装订与管理。

（6）符合计算机辅助设计 CAD 的要求。

6.2.2　电气图纸的标题栏和图幅分区

标题栏是图纸的"铭牌"，用来确定图样的名称、图号等信息。无论是水平放置的 X 型图纸还是垂直放置的 Y 型图纸，标题栏的位置都应该在图纸的右下角。

标题栏通常情况下由修改区、签字区、名称区、图号区等组成，可以根据实际情况的需要来增减栏目。如图 6-9 所示为标题栏的常规样式。

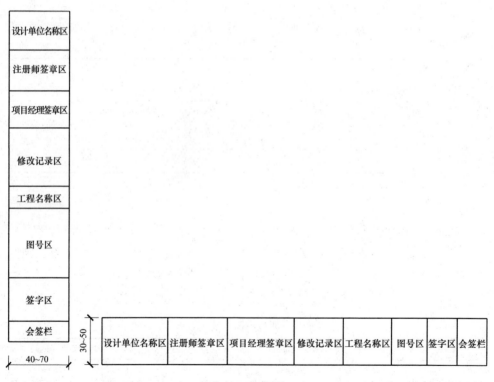

图 6-9　标题栏

6.2.3　图线与字体

绘制图样的八种基本图线见表 6-4。

表 6-4 图线的形式与应用

序号	名称	形式	宽度	应用举例
1	粗实线	——————	b	可见过渡线，可见轮廓线，电气图中主要内容涌现，图框线，可见导线
2	中实线	——————	约 $b/2$	土建图上门、窗等的外轮廓线
3	细实线	——————	约 $b/3$	尺寸线，尺寸界线，引出线，剖面线，分界线，范围线，指引线，辅助线
4	虚线	- - - - - - - -	约 $b/3$	不可见轮廓线，不可见过渡线，不可见导线，计划扩展内容用线，地下管道，屏蔽线
5	双折线	——─/\/─——	约 $b/3$	被断开部分的边界线
6	双点划线	— ·· — ·· —	约 $b/3$	运动零件在极限或中间位置时的轮廓线，辅助用零件的轮廓线及其剖面线，剖视图中被剖去的前面部分的假想投影轮廓线
7	粗点划线	—— · —— · ——	b	有特殊要求的线或表面的表示线，平面图中大型构件的轴线位置线
8	细点划线	— · — · — · —	约 $b/3$	物体或者建筑物的中心线，对称线，分界线，结构围框线，功能围框线

根据绘制电气图的要求，通常只使用以下四种图线，见表 6-5。

表 6-5 电气图的用线形式

序号	名称	形式	应用举例
1	实线	——————	基本线，简图主要内容用线，可见轮廓线，可见导线
2	虚线	- - - - - - - -	辅助线，屏蔽线，机械连接线，不可见轮廓线，不可见导线，计划扩展内容用线
3	点划线	— · — · — · —	分界线，结构围框线，功能围框线，分组围框线
4	双点划线	— ·· — ·· —	辅助围框线

假如采用两种或两种以上的图形宽度，则任何两种线宽的比例都应不小于 2∶1。

对电气图中的平行连接线，其中心间距至少为字体的高度，如附有信息标注，则间距至少为字体的高度的 2 倍。

电气图中的文字，即汉字、字母和数字都是电气技术文件和电气图的组成部分，所以要求字体必须规范，应做到字体端正、清晰、排列整齐。均匀。图面上字体的大小，根据图幅来定。

根据图纸幅面的大小，电气图中字体最小高度的参照值如表 6-6 所示。

表 6-6　　　　　　　　　　　　　电气图中字体最小高度

图纸幅面代号	A0	A1	A2	A3	A4
字体最小高度（mm）	5	3.5	2.5	2.5	2.5

6.2.4　比例

比例指图面上所画图形尺寸与实物尺寸的比值。电气图是采用图形符号和连线绘制的，并且大部分电气线路图或者电路图都是不按比例来绘制的。但是电气平面布置图等一般需要按照比例来绘制，方便在平面图上测出两点距离，就可按比例值来计算两者间的实际距离，如线的长度、设备间距等，方便导线的放线、设备机座、控制设备等的安装。

绘图比例见表 6-7。

表 6-7　　　　　　　　　　　　　绘图比例

类别	推荐比例		
放大比例	50：1 5：1	20：1 2：1	10：1
原比例	—	—	1：1
缩小比例	1：2 1：20 1：200 1：2000	1：5 1：50 1：500 1：5000	1：10 1：100 1：1000 1：10 000

6.3　电气图形符号概述

电气图形符号是电气工程图纸重要的组成部分，承担了解释说明电气结构的作用。本节介绍电气图形符号的构成以及分类，在了解本节知识后，可以对电气图形符号的基本情况有一定的了解，并在实际的绘图工作中起到一定的帮助。

6.3.1　图形符号的构成

电气图形符号由多种类型构成，如动力设备图例、插座图例、安防设备图例、广播设备图例等。在绘制不同的电气工程图纸时，需要调用不同的设备图例辅助表示。

如在绘制插座平面图时，需要调用各类插座、开关图例；而在绘制楼宇对讲系统图时，需要调用安防设备图例。

动力设备图例见表6-8。

表6-8 动力设备图例

图例	名称	图例	名称
风扇	风扇	接地	接地
变压器	变压器	接线盒	接线盒
电磁阀	电磁阀	电动阀	电动阀
电磁制动器	电磁制动器	直流电动机	直流电动机
钟	钟	电度表	电度表
电磁阀	电磁阀	管道泵	管道泵

插座图例见表6-9。

表6-9 插座图例

图例	名称	图例	名称
双联插座	双联插座	带保护极的电源插座	带保护极的电源插座
空调插座	空调插座	单相插座	单相插座
带接地插孔防爆三相插座	带接地插孔防爆三相插座	插座箱	插座箱
电信插座	电信插座	密闭单相插座	密闭单相插座
地面插座盒	地面插座盒	带保护接点插座	带保护接点插座

安防设备图例见表6-10。

141

表 6-10   安防设备图例

图例	名称	图例	名称
	摄像机		电视监视器
EL	电控锁		读卡器
	紧急按钮开关		门磁开关
	可视对讲机		可视对讲户外机
	对讲电话分机	DEC	解码器

　　除上述图例外，在本书附录中还列举了其他类型的设备图例，如广播图例、楼控设备图例、电视设备图例等。

6.3.2　图形符号的分类

　　电气图形符号根据其性质而被划分为各种不同的类型，不同的类型下所包含的符号种类又多种多样。在绘制电气图纸前，应掌握各类电气图形符号的分类，以便在运用时得心应手。

　　电气符号的分类见表 6-11。

表 6-11   电气符号的分类

序号	分类名称	内容
1	符号要素、限定符号和其他常用符号	包括轮廓外壳、电流和电压的种类、可变性、材料类型、机械控制、操作方法、非电量控制、接地、理想电路元件等
2	导体和连接件	包括电线、柔软和屏蔽或绞合导线，同轴导线；端子、导线连接；压电晶体、驻极体、延迟线等
3	基本无源元件	包括电阻、电容、电感器；铁氧体磁芯、磁存储器；压电晶体、驻极体、延迟线等
4	半导体管和电子管	包括二极管、三极管、电子管、晶闸管等
5	电能的发生和转换	包括绕组、发电机、变压器等
6	开关、控制和保护器件	包括触点、开关装置、控制装置、启动器、接触器、继电器等

序号	分类名称	内容
7	测量仪表、灯和保护器件	包括指示仪表、记录仪表、传感器、灯、电铃、扬声器等
8	电信：交换和外围设备	包括交换系统、电话机、数据处理设备等
9	电信：传输	包括通信线路、信号发生器、调制解调器、传输线路等
10	建筑安装平面布置图	包括发电站、变电所、音响和电视分配系统等
11	二进制逻辑元件	包括存储器、计数器等
12	模拟元件	包括放大器、电子开关、函数器等

6.4 电气技术中的文字符号与项目符号

电气图纸中经常出现各种各样的符号标注，假如不了解这些符号所代表的意义，则在读图时会一头雾水，知其然不知其所以然。因此了解符号标注的意义必不可少，本节介绍在电气标注中这些符号的意义。

6.4.1 文字符号概述

为明确地区分同类设备或者元件中不同功能的设备或元件，必须在电气图形符号旁边标注相应的文字符号。

文字符号中的英文字母用来表示电气设备、装置和元件以及线路的基本名称、特性。

单字母符号用来表示按国家标准划分的 23 类电气设备、装置和元器件。单字母符号的标注方式见表 6-12。

表 6-12　　　　　　　　　　单字母符号

字母代码	项目种类	举例说明
A	组件部件	分离元件放大器、磁放大器、激光器、微波激光器、印制电路板、本表格其他地方未提及的组件、部件
B	变换器（从非电量到电量或相反）	热电传感器、热电池、光电池、测功计、晶体换能器、送话器、拾音器、扬声器、耳机、自整角机、旋转变压器
C	电容器	—
D	二进制元件 延迟器件 存储器件	数字集成电路和器件、延迟线、双稳态元件、单稳态元件、磁心存储器、寄存器、磁带记录机、盘式记录机

143

字母代码	项目种类	举例说明
E	其他元器件	光器件、热器件、本表格其他大方地方未提及的元件
F	保护器件	熔断器、过电压放电器件、避雷器
G	发电机、电源	旋转发电机、旋转变频机、电池、振荡器、石英晶体振荡器
H	信号器件	光指示器、声指示器
K	继电器、接触器	交流继电器、双稳态继电器
L	电感器 电抗器	感应线圈、线路陷波器 电抗器（并联和串联）
M	电动机	同步电动机、力矩电动机
N	模拟元件	运算放大器、模拟/数字混合器件
P	测量设备实验设备	指示、记录、计算、测量设备、信号发生器、时钟
Q	电力电路的开关器件	断路器、隔离开关
S	控制电路的开关选择器	控制开关、按钮、限制开关、选择开关、选择器、拨号接触器、连接器
T	变压器	电压互感器、电流互感器
U	调制器 变换器	鉴频器、解调器、变频器、编码器、逆变器、交流器、电报译码器
V	电真空器件 半导体器件	电子管、气体放电管、晶体管、晶闸管、二极管
W	传输通道 波导、天线	导线、电缆、母线、波导、波导定向、耦合器、偶极天线、抛物面天线
X	端子 插头 插座	插头和插座、测试塞孔、端子板、焊接端子片、连接片、电缆封端和接头
Y	电气操作的机械装置	制动器、离合器、气阀
Z	终端设备 混合变压器 滤波器、均衡器 限幅器	电缆平衡网络 压缩扩展器 晶体滤波器 网络

　　双字母符号由单字母符号后面另加一个字母组成，用来表达电气设备、装置和元器件的名称。双字母符号见表6-13。

表 6-13　　　　　　　　　双字母符号

序号	名称	单字母	双字母	序号	名称	单字母	双字母
1	发电机	G		4	电流互感器	T	TA
	直流发电机	G	GD		电压互感器	T	TV
	交流发电机	G	GA	5	整流器	U	
	同步发电机	G	GS		变流器	U	
	异步发电机	G	GA		逆变器	U	
	永磁发电机	G	GM		变频器	U	
	永轮发电机	G	GH	6	断路器	Q	QF
	汽轮发电机	G	GT		隔离开关	Q	QS
	励磁机	G	GE		自动开关	Q	QA
2	电动机	M			转换开关	Q	QC
	直流电动机	M	MD		刀开关	Q	QK
	交流电动机	M	MA	7	控制开关	S	SA
	同步电动机	M	MS		行程开关	S	ST
	异步电动机	M	MA		限位开关	S	SL
	笼型电动机	M	MC		终点开关	S	SE
3	绕组	W			微动开关	S	SS
	电枢绕组	W	WA		脚踏开关	S	SF
	定子绕组	W	WS		按钮开关	S	SB
	转子绕组	W	WR		接近开关	S	SP
	励磁绕组	W	WE	8	继电器	K	
	控制绕组	W	WC		中间继电器	K	KM
4	变压器	T			电压继电器	K	KV
	电力变压器	T	TM		电流继电器	K	KA
	控制变压器	T	T		时间继电器	K	KT
	升压变压器	T	TU		频率继电器	K	KF
	降压变压器	T	TD		压力继电器	K	KP
	自耦变压器	T	TA		控制继电器	K	KC
	整流变压器	T	TR		信号继电器	K	KS
	电炉变压器	T	TF		接地继电器	K	KE
	稳压器	T	TS		接触器	K	KM
	互感器	T					

序号	名称	单字母	双字母	序号	名称	单字母	双字母
9	电磁铁	Y	YA	17	晶体管	V	
	制动电磁铁	Y	YB		电子管	V	VE
	牵引电磁铁	Y	YT	18	调节器	A	
	起重电磁铁	Y	YL		放大器	A	
	电磁离合器	Y	YC		晶体管	A	AD
10	电阻器	R			放大器		
	变阻器	R			电子管	A	AV
	电位器	R	RP		放大器		
	起动电阻器	R	RS		磁放大器	A	AM
	制动电阻器	R	RB	19	变换器	B	
	频敏电阻器	R	RF		压力变换器	B	
	附加电阻器	R	RA		位置变换器	B	
11	电容器	C			温度变换器	B	
12	电感器	L	LS		速度变换器	B	BP
	电抗器	L			自整角机	B	BQ
	启动电抗器	L			测速发电机	B	BT
	感应线圈	L			送话器	B	BV
13	电线	W			受话器	B	
	电缆	W			拾音器	B	BR
	母线	W			扬声器	B	
14	避雷器	F			耳机	B	
	熔断器	F	FU	20	天线	W	
15	照明灯	E	EL	21	接线性	X	
	指示灯	H	HL		连接片	X	XB
16	蓄电池	G	GB		插头	X	XP
	光电池	B			插座	X	XS
				22	测量仪表	P	

　　辅助文字符号不仅用来表示电气设备装置及元器件，还用来表示线路的功能、状态及其特征。辅助文字符号见表6-14。

表6-14　　　　　　　　　　　　　　辅助文字符号

序号	名称	符号	序号	名称	符号
1	高	H	16	交流	AC
2	低	L	17	电压	V
3	升	U	18	电流	A
4	降	D	19	时间	T
5	主	M	20	闭合	ON
6	辅	AUX	21	断开	OFF
7	中	M	22	附加	ADD
8	正	FW	23	异步	ASY
9	反	R	24	同步	SYN
10	红	RD	25	自动	A, AUT
11	绿	GN	26	手动	M, MAN
12	黄	YE	27	起动	ST
13	白	WH	28	停止	STP
14	蓝	BL	29	控制	C
15	直流	DC	30	信号	S

电气工程图中有特殊作用的接线端子、导线等，一般采用一些专用的文字符号来标注。特殊文字符号见表6-15。

表6-15　　　　　　　　　　　　　　特殊文字符号

序号	名称	文字符号	序号	名称	文字符号
1	交流系统电源第1相	L1	11	接地	E
2	交流系统电源第2相	L2	12	保护接地	PE
3	交流系统电源第3相	L3	13	不保护接地	PU
4	中性线	N	14	保护接地线和中性线共用	PEN
5	交流系统设备第1相	U	15	无噪声接地	TE
6	交流系统设备第2相	V	16	机壳和机架	MM
7	交流系统设备第3相	W	17	等电位	CC
8	直流系统电源正极	L+	18	交流电	AC
9	直流系统电源负极	L	19	直流电	DC
10	直流系统电源中间线	M			

6.4.2 项目符号概述

在电气工程图中表达线路敷设方式标注的文字代号见表6-16。

表 6-16 线路敷设方式标注

序号	文字符号	名称	序号	文字符号	名称
1	SC	穿焊接钢管敷设	15	PL	用瓷夹敷设
2	MT	穿电线管敷设	16	PCL	用塑料夹敷设
3	PC	穿硬塑料管敷设	17	AB	沿或跨梁（屋架）敷设
4	FPC	穿阻燃半硬聚氯乙烯管敷设	18	BC	暗敷在梁内
5	CT	电缆桥架敷设	19	AC	沿或跨柱敷设
6	MR	金属线槽敷设	20	CLC	暗敷设在柱内
7	PR	塑料线槽敷设	21	WS	沿墙面敷设
8	M	用钢索敷设	22	WC	暗敷设在墙内
9	KPO	穿聚氯乙烯塑料波纹电线管敷设	23	CE	沿天棚或顶板面敷设
10	CP	穿金属软管敷设	24	CC	暗敷设在屋面或顶板内
11	DB	直接埋设	25	SCE	吊顶内敷设
12	TC	电缆沟敷设	26	ACC	暗敷设在不能进入的吊顶内
13	CE	混凝土排管敷设	27	ACE	在能进入的吊顶内敷设
14	K	用瓷瓶或瓷柱敷设	28	F	地板或地面下敷设

表达线路敷设部位的标注文字见表6-17。

表 6-17 线路敷设部位标注文字

序号	文字符号	名称	序号	文字符号	名称
1	AB	沿或跨梁（屋架）敷设	7	AC	沿或跨柱敷设
2	CE	沿吊顶或顶板面敷设	8	SCE	吊顶内敷设
3	WS	沿墙面敷设	9	RS	沿屋面敷设
4	CC	暗敷设在顶板内	10	BC	暗敷设在梁内
5	CLC	暗敷设在柱内	11	WC	暗敷设在墙内
6	FC	暗敷设在地板或地面下			

表达灯具安装方式的标注文字见表6-18。

表 6-18　　　　　　　　　　　　　　灯具安装方式标注文字

序号	文字符号	名称	序号	文字符号	名称
1	SW	线吊式自在器线吊式	9	R	嵌入式
2	SW1	固定线吊式	10	CR	顶棚内安装
3	SW2	防水线吊式	11	WR	墙壁内安装
4	SW3	吊线器式	12	S	支架上安装
5	CS	链吊式	13	CL	柱上安装
6	DS	管吊式	14	HM	座装
7	W	壁装式	15	T	台上安装
8	C	吸顶式			

6.5　电气图的表示方法

电气图的组成部分有元器件、连接线、符号代码等，在绘制电气图时需要了解这些图形的表示方法。本节分别介绍元器件、连接线等电气图形的表示方法。

6.5.1　元器件的表示法

元器件的表示方法有集中表示法、半集中表示法、分开表示法三种，本节介绍这三种方法的使用。

1. 集中表示法

在绘制简单的电气图时，可以采用集中表示法，即把简图上的设备或成套装置中一个项目各组成部分的图形符号绘制在一起。

采用该法绘图时，使用机械连接线（即虚线）将电气结构的各组成部分互相连接起来，连接线必须是直线。

图 6-10 中继电器有一个驱动线圈 A1—A2 和两对触点 13—14、23—24。图 6-11中按钮有两对触点 13—14、21—22/24，它们分别是用机械连接线联系起来，分别构成一个整体。

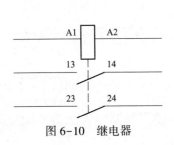

图 6-10　继电器

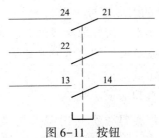

图 6-11　按钮

2. 半集中表示法

采用半集中表示法来绘制电气图，需要把一个项目中某些部分的图形符号分开布置，并使用机械连接符号来表示它们之间关系，其中，机械连接线可以弯折、分支和交叉。

如图 6-12 所示，驱动线圈 A1—A2 和两对触点 13—14、23—24，按钮两对触点 13—14、21—22/24，它们分别属于不同的电路，分别用机械连接线联系起来，构成不同的回路或装置。

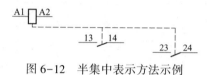

图 6-12　半集中表示方法示例

3. 分开表示法

使用分开表示法绘制电气图纸，需要把一个项目中某些部分的图形符号在简图上分开布置，并使用参照代号表示它们之间关系的方法。

如图 6-13 所示，继电器和按钮的各组成部分采用分开表示方法，分别画在不同的电路图中。这些触点和线圈还可以画在不同张次的图上。由于分开表示法既没有机械连接线，又可避免或减少图线交叉，因此图面更为清晰。

(a)	(b)

图 6-13　分开表示法

（a）继电器；（b）按钮

6.5.2　元器件接线端子的表示方法

本节介绍元器件接线端子的各种表示方法，如端子图形符号的表示方法、标注接线端子的方法等。

1. 端子的图形符号

端子指用来连接外部导线的导电元件，分为固定端子及可拆卸端子两种。

端子的图形符号的表示方式如下。

（1）固定端子："O"或者"·"。

（2）可拆卸端子："φ"。

端子板指装有多个互相绝缘并通常与地绝缘的端子的板、块或条，图形符号如图 6-14 所示。

1	2	3	4	5

图 6-14　五个端子

2. 以字母数字符号标注接线端子

电气元件接线端子标记由拉丁字母和阿拉伯数字组成，如 U1、1U1，假如不需要字母 U，可以简化成 1、1.1 或 11。

（1）单个元件。单个元件的两个端点用连续的两个数字表示，如图 6-15（a）所示的电阻器的两个接线端子使用 1、2 来表示。

单个元件的中间各端子通常情况下使用自然递增数序的数字来表示，如图 6-15（b）所示的电阻器的中间端子用 3 和 4 来表示。

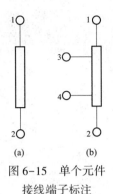

图 6-15　单个元件
接线端子标注

（2）相同元件组。

1）在数字以前注以字母，如图 6-16（a）所示的标注三相交流系统的字母 U1、V2、W3 等。

2）在不需要区别相别时，可使用数字 1.1、2.1、3.1 标注，如图 6-16（b）所示。

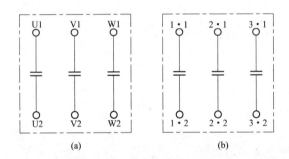

图 6-16　相同元件组接线端子标注

（3）同类的元件组。同类元件组用相同字母标志时，可以在字母前注以数字来区别，如图 6-17 中的两组三相电感的接线端子用 1U1、2U1 等来标注。

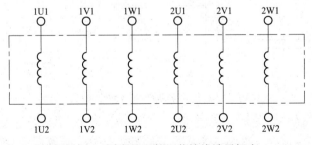

图 6-17　同类的元件组装接线端子标志

（4）与特定导线相连的电器接线端子的标注。与特定导线（如三相电源线 L1、L2、L3，中性线 N，接地线 PE 等）相连的电器接线端子的标志如图 6-18 所示。

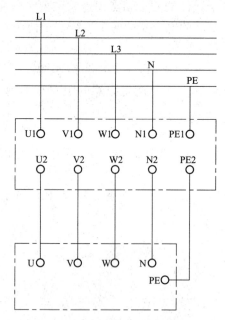

图 6-18　与特定导线相连的电器接线端子的标志

3. 端子代号的标注

电气元器件和设备不但要标注参照代号，还应该标注端子代号。

（1）电阻器、继电器、模拟和数字硬件的端子代号应标注在图形符号的轮廓线外面。符号轮廓线内的空隙留作标注有关元件的功能和注解，如关联符、加权系数等。标注示例如图 6-19 所示。

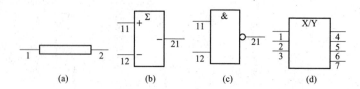

图 6-19　模拟和数字硬件的端子代号标注示例

（a）电阻器符号；（b）求和模拟单元的符号；（c）与非功能模拟单元符号；（d）编码器符号

（2）对用于现场连接、实验和故障查找的连接器件（如端子、插头和插座等）的每一连接点都应该标注端子代号，如图 6-20 所示。

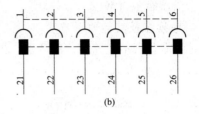

图 6-20 连接器件的端子代号标注示例

(a) 端子板；(b) 多极插头插座

（3）在画有围框的功能单元或结构单元中，端子代号必须标注在围框内，以免产生误解。如图 6-21 所示，图中所示的 A5 围框引出 7 根线，则应标注出 7 个端子代号。

6.5.3 导线的表示法

本节介绍导线的表示方法，如导线符号的表示、导线根数的表示以及导线特征的表示等。

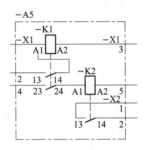

图 6-21 围框端子代号标志示例

1. 导线的一般符号

导线的一般符号如图 6-22（a）所示，可以用于一根导线、导线组、电线、电缆、电路、传输电路、线路、母线、总线等。这一符号可以根据具体情况加粗、延长、缩小。

2. 导线根数的表示方法

当使用单线表示一组导线时，假如需要表示出导线的根数，可以加小段斜线来表示。根数少时（如少于 4 根以下），其短斜线数量代表导线根数；根数较多时，可加数字表示，如图 6-22（b）、（c）所示，其中 n 代表正整数。

3. 导线特征的标注方法

导线的特征通常采用符号标注。

（1）在横线上标注电流种类、配电系统、频率和电压等。

（2）在横线下方标注电路的导线数乘以每根导线的截面积（mm^2），假如导线的截面积不同，可以使用"+"将其分开。

导线材料可以使用化学元素符号来表示。

1）如图 6-22（d）所示，该电路有三根导线，一根中性线（N），交流 50Hz，380V，导线截面积为 70mm^2（3 根），35mm^2（1 根），导线材料为铝（A1）。

2）假如需要在图上需要表示导线的型号、截面积、安装方法等，可采用图 6-22（e）的标注方式。示例的含义为，导线的型号为 KVV（铜芯塑料绝缘控制电缆）；截面积为 8×1.0mm^2；安装方法为，传入塑料管（P），塑料管管径为

φ20mm，沿墙暗敷（WC）。

4. 导线换位及其他表示方法

有时候需要表示电路相许的变更、极性的反向、导线的交换等，则可采用图 6-22（j）所示的方式来表示，含义为 L1 相与 L3 相的换位。

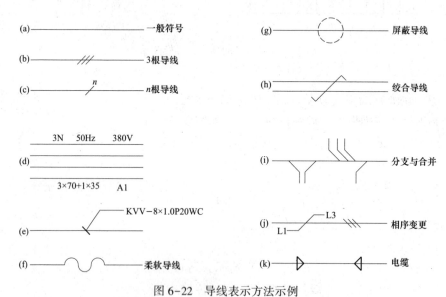

图 6-22　导线表示方法示例

6.5.4　连接线的分组和标记

平行连接线指母线、总线、配电线束、多芯电线电缆等。通过对多条平行连接线按照功能分组以方便读图。不能按功能分组的可任意分组，但每组不能多于三条，各组之间的距离应大于线间距离。

图 6-23（a）所示的 8 条平行连接线具有两种功能，其中交流 380V 导线 6 条，分为两组，直流 110V 两条，分为一组。

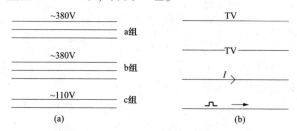

图 6-23　连接线分组和标记示例

（a）连接线分组；（b）连接线标记

为了表示连接线的功能或去向，可以在连接线上加注信号名称或者其他标记。标记一般标注于连接线的上方或者连接线的中断处。还可以在连接线上标注信号特性的信息，例如波形、传输速度等，使得图形所代表的内容更方便于理解。

如图 6-23（b）所示的标注方法中，表示功能"TV"、电流"I"，传输波形为矩形波等。

6.5.5　连接线的连续表示法及中断表示法

连接线的表示方法有连续表示法、中断表示法，本节介绍这两种方法的使用。

1. 连续表示法

使用连接表示法时，需要将连接线的头尾用导线连通，在表现形式上分为平行连接线和线束。

（1）平行线。使用平行连接线，可以用多线表示，也可以用单线来表示。为了避免线条过多，对于多条去向相同的连接线常采用单线表示法，以保持图面的清晰。

图 6-24 是平行连接线的几种表示方法示例。图 6-24（a）表示了 5 根平行线，图 6-24（b）采用了圆点标记出平行线端部的第一根连接线，图 6-24（c）、图 6-24（d）采用标记 A、B、C、D、E 表示出了连接线的连接顺序。

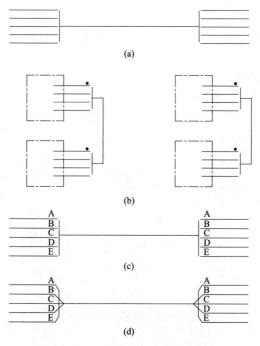

(a)

(b)

(c)

(d)

图 6-24　平行连接线表示方法示例

155

（2）线束。使用线束表现法，可采用一根图线来表示多根去向相同的线，这根图线实际上代表着一个连接线组。线束的表示方法如图 6-25 所示。

图 6-25（a）每根线汇入线束时，与线束倾斜相接，并加上标记 A—A、B—B、C—C、D—D。这种方法通常需要在每根连接线的末端注上相同的标记符号。汇接处使用的斜线，其方向应使看图者易于识别连接线进入或离开线束方向。

图 6-25（b）、（c）给出了线束所代表的连接线数目。

图 6-25（d）给出了连接线的标记和被连接项目的参照代号—D1、—D2、—D3。

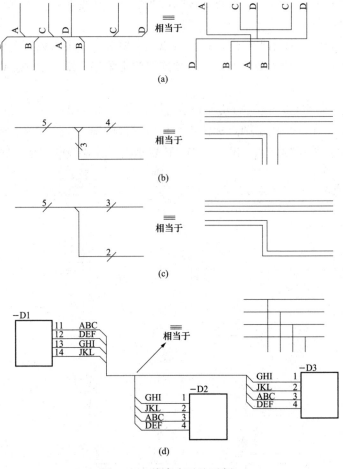

图 6-25　线束表示法示例

2. 中断表示法

中断表示法是将连接线在中间中断，再用符号表示导线的去向。

连接线在下列情况可以中断。

（1）在同一张图中，连接线需要大部分幅面或穿越符号稠密布局区域。

（2）连接点之间的接线布置比较曲折复杂时。

（3）两张或多张图内的项目之间有连接关系时。

中断线标记可由下列一种或多种组成。

（1）连接线的信号代号，或其他文字标记。

（2）与地、机壳或其他共用点的符号。

（3）位置标记。

（4）插表。

（5）其他方法。

如图 6-26 所示，其中表示的即是在同一张简图中采用信号代号或代号（X、Y）及采用位置代号标记（A5、B1）来表示中断线关系的示例。

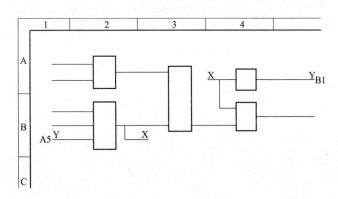

图 6-26　在同一张图上连接线中断标注信号和位置标记示例

如图 6-27 所示为多张图之间有连接关系的中断线及其标记的示例。图中的一条图线需要连接到另外的图上去，必须采用中断线表示。如图中 =A1 第 5 张图内的两根线 EF 和 JK 分别接至 =P1 的 B3 位置 =P2 第 2 张图的 A4 位置（JK 未表示）。

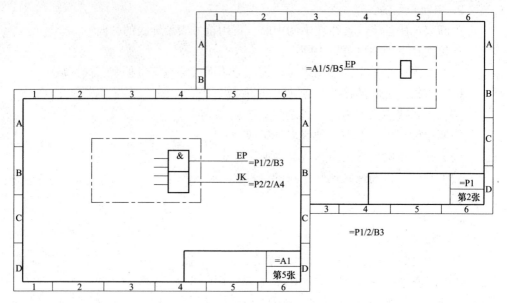

图 6-27　在多张图之间有连接关系的中断线及其标记示例

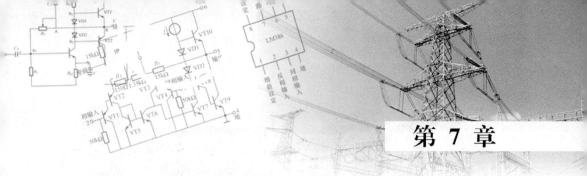

第 7 章

绘 制 常 用 电 气 元 件

本章介绍各类电气元件图例的绘制，包括导线及连接器件、无源器件（如电阻，电容）、半导体与电子管、电能发生与转换元件（电动机、变压器）等。在绘制各种类型的电气图纸中，会需要调用不同种类的元件图例，因此学习电气制图需要了解相关元件的表示方式。

7.1 绘制导线及连接器件

导线是重要的电气图例之一，用来连接各电气元件，组成电气结构。导线的绘制通常使用线段来表示，而其连接器件的表达则有好几种方式，本节介绍导线及连接器件的绘制。

7.1.1 导线

在电气工程图纸中，使用导线来连接电气元件。导线通常使用细实线来表示，如图 7-1 所示。同时还可用来表示导线组、电线、电缆、电路、线路、母线（总线）一般符号。

图 7-1 导线的表示方式

导线一般由铜或铝制成，也有用银线所制（优点是导电、热性好），用来疏导电流或者是导热。如图 7-2 所示为电气工程中常用的导线。

在表示导线根数时，并不是有多少根导线便绘制多少根直线，而是在表示导线的细实线上进行标示。常见的有两种方法来标注导线根数。

第一种标注方法为，在导线上绘制短斜线，如表示三根导线时，则在导线上绘制三根相同方向的短斜线，如图 7-3 所示。

第二种标注方法为，仅在导线上绘制一根短斜线，并在短斜线的一侧标注数字，如标注数字 3 则标表示为三根导线，如图 7-4 所示。

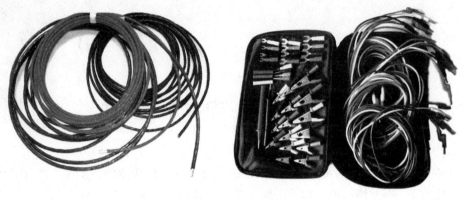

图 7-2　电气工程中的导线

图 7-3　绘制短斜线　　　　　　　　图 7-4　绘制标注文字

7.1.2　连接器件

导线连接的表示方法多种多样，本节介绍几种常见的使用方法。

1. 导线的柔性连接

在表示导线的柔性连接时，通常使用直线与曲线相组合的方法来表示。

（1）调用 C "圆" 命令，绘制半径为 100 的圆形，如图 7-5 所示。

（2）调用 L "直线" 命令，过圆心绘制线段以连接圆形的左右两个端点，如图 7-6 所示。

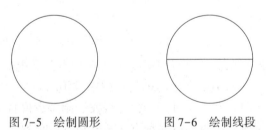

图 7-5　绘制圆形　　　　　图 7-6　绘制线段

（3）调用 TR "修剪" 命令，修剪圆形，并同时调用 E "删除" 命令，将线段删除，如图 7-7 所示。

（4）调用 MI "镜像" 命令，向下镜像复制半圆曲线，调用 M "移动" 命令，向右移动曲线，如图 7-8 所示。

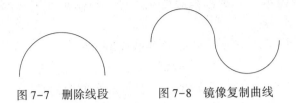

图7-7　删除线段　　　　　图7-8　镜像复制曲线

（5）选择左侧的半圆曲线，调用 CO "复制"命令，向右移动复制的结果如图 7-9 所示。

（6）调用 L "直线"命令，在两端的半圆曲线绘制线段，结果如图 7-10 所示。

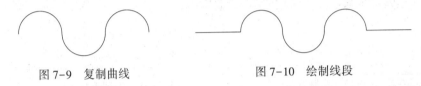

图7-9　复制曲线　　　　　　　图7-10　绘制线段

2. 导线的 T 形连接

导线的 T 形连接是常见的连接方式之一，通常将水平导线及垂直导线以 T 形组合来表示，如图 7-11 所示。还可绘制实心圆点来表示其为连接状态，也可省略不画。

（1）调用 C "圆"命令，绘制半径为 30 的圆形，如图 7-12 所示。

图7-11　T 形连接　　　　　　图7-12　绘制圆形

（2）调用 H "填充"命令，在 "图案"面板上选择 SOLID 图案，如图 7-13 所示。

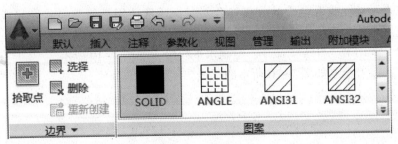

图7-13　选择图案

（3）在圆形内单击左键以拾取填充区域，绘制填充图案的结果如图 7-14 所示。

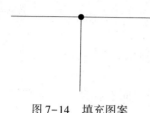

图 7-14　填充图案

3. 导线的双重连接

导线的双重连接有两种方式，一种通过绘制水平导线来分别与两个方向的垂直导线相连接，另一种是绘制水平导线与垂直导线，并且两导线相交，在交点处绘制实心圆点表示连接构件。

（1）调用 L"直线"命令，绘制直线如图 7-15 所示。

（2）接着绘制如图 7-16 所示的垂直线段。

图 7-15　绘制直线　　　　　　图 7-16　绘制垂直线段

（3）调用 CO"复制"命令，向右下角移动复制线段，如图 7-17 所示。

（4）通过在图 7-14 的基础上延长垂直线段，可以表示导线双重连接的另外一种样式，如图 7-18 所示。

图 7-17　复制线段　　　　　　图 7-18　延长线段

4. 导线或电缆的分支与合并

在表示导线或者电缆的分支与合并时，通常使用折线来表示导线或电缆分支，使用直线来表示导线或者电缆的母线。

（1）调用 L"直线"命令，绘制水平线段，如图 7-19 所示。

（2）接着绘制如图 7-20 所示的折线。

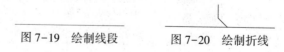

图 7-19　绘制线段　　　　　　图 7-20　绘制折线

（3）调用 CO "复制"命令，移动复制折线，如图 7-21 所示。

（4）调用 L "直线"命令，在水平线段的下方绘制如图 7-22 所示的折线。

图 7-21 复制线段　　　图 7-22 绘制线段

（5）调用 MI "镜像"命令，镜像复制折线，如图 7-23 所示。

（6）调用 CO "复制"命令，向右移动复制折线，如图 7-24 所示。

图 7-23 镜像复制线段　　　图 7-24 复制线段

5. 导线的跨越

表示导线的不连接，即跨越时，采用水平相交的线段来表示，其中，交点不绘制连接构件，如图 7-25 所示。

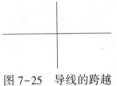

图 7-25 导线的跨越

7.2 绘制无源器件与半导体管

无源器件指电阻器、电容器、电感器，这些电气元件为调节电流起到重要的作用，在电气图纸中也是常用的图例符号之一。本节介绍这三类元器件的绘制方法。

半导体管是一类重要的管线，与导线的表示方式不同，有专门的图例符号，本节介绍其管线符号的绘制方法。

7.2.1 电阻

电气图纸中用矩形及线段的组合来表示电阻的一般符号。此外，在表示可变、可调电阻器时，在一般符号图形的基础上添加斜线箭头以示区别。

电阻器在日常生活中一般直接称为电阻，是一个限流元件，将电阻接在电路中后，电阻器的阻值是固定的，一般是两个引脚，它可限制通过它所连支路的电流大小。如图 7-26 所示为电气工程中常见的电阻器。

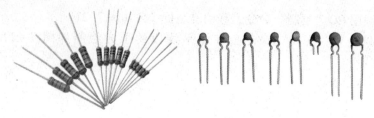

图 7-26　电阻器

（1）调用 REC"矩形"命令，绘制 100×300 的矩形，如图 7-27 所示。
（2）调用 L"直线"命令，绘制直线如图 7-28 所示。

图 7-27　绘制矩形　　　　　图 7-28　绘制线段

　（3）调用 TR"修剪"命令，修剪线段，电阻一般符号的绘制结果如图 7-29 所示。

　调用 PL"多段线"命令，设置起点宽度为 30，端点宽度为 0，绘制短斜线箭头，可变、可调电阻器符号的绘制结果如图 7-30 所示。

图 7-29　电阻一般符号　　　　　图 7-30　可变、可调电阻器符号

7.2.2　电容

　电容符号的表示方式为，绘制两段相互平行的线段，接着依次在线段上绘制垂直线段，垂直线段不相接。

　电容器是电子设备中大量使用的电子元件之一，广泛应用于电路中的隔直通交、耦合、旁路、滤波、调谐回路、能量转换，控制等方面。如图 7-31 所示为电气工程中常见的电容器。

图 7-31　电容器

（1）调用 REC"矩形"命令，绘制 150×400 的矩形，如图 7-32 所示。

（2）调用 X"分解"命令，分解矩形。

（3）调用 E"删除"命令，删除矩形的两侧垂直边，如图 7-33 所示。

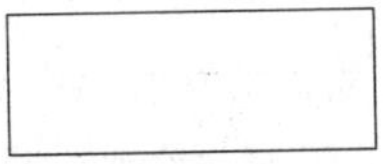

图 7-32　绘制矩形 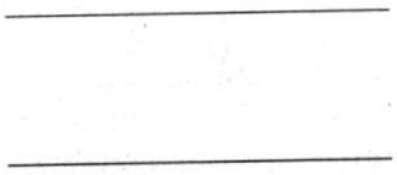　　　图 7-33　删除线段

（4）调用 L"直线"命令，绘制垂直线段，如图 7-34 所示。

（5）调用 CO"复制"命令，选择线段向下复制，电容器符号的绘制结果如图 7-35 所示。

图 7-34　绘制线段　　　图 7-35　复制线段

7.2.3　电感

在电气图纸中使用曲线与线段的组合来表示电感器符号。符号的表示方式有两种，一种是曲线与垂直线段的组合，另一种是在曲线与垂直线段的基础上添加水平线段。

电感器是能够把电能转化为磁能而存储起来的元件，结构类似于变压器，但只有一个绕组。电感器具有一定的电感，但只阻碍电流的变化。如图 7-36 所示为电气工程中常见的电感器。

图 7-36　电感器

（1）调用 REC"矩形"命令，绘制 300×200 的矩形，如图 7-37 所示。

（2）调用 C"圆"命令，在命令行中输入 D，选择"直径"选项，设置参数值为 75，绘制直径为 75 的圆形，如图 7-38 所示。

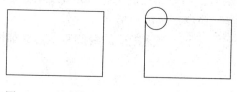

图 7-37　绘制矩形　　　图 7-38　绘制圆形

（3）调用 CO "复制" 命令，选择圆形向右移动复制，如图 7-39 所示。

（4）调用 TR "修剪" 命令，修剪圆形如图 7-40 所示。

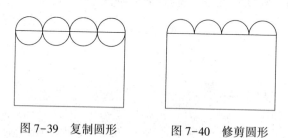

图 7-39　复制圆形　　　图 7-40　修剪圆形

（5）调用 X "分解" 命令，分解矩形。

（6）调用 E "删除" 命令，删除矩形的上下水平边，电感器的第一种表示方式如图 7-41 所示。

调用 L "直线" 命令，在曲线上方绘制直线，电感器的第二种表示方式如图 7-42 所示。

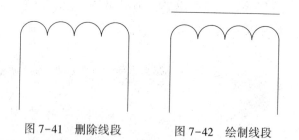

图 7-41　删除线段　　　图 7-42　绘制线段

7.2.4　半导体管

半导体二极管一般符号的表示方式为，等腰三角形与线段组合。其中，线段分别为水平线段以及垂直线段。RNP 型半导体管符号的表示方式为，线段与箭头的组合，线段的样式有水平线段、垂直线段以及斜线。

（1）调用 REC"矩形"命令，绘制 300×300 的矩形。

（2）调用 L"直线"命令，在矩形内绘制线段，如图 7-43 所示。

（3）调用 TR"修剪"命令，修剪线段，如图 7-44 所示。

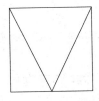

图 7-43　绘制线段　　　　　图 7-44　修剪线段

（4）调用 L"直线"命令，绘制水平线段如图 7-45 所示。

（5）接着绘制垂直线段，半导体二极管一般符号的表示方式如图 7-46 所示。

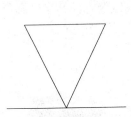
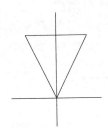

图 7-45　绘制水平线段　　　　图 7-46　半导体二极管

（6）调用 L"直线"命令，绘制水平线段及垂直线段，如图 7-47 所示。

（7）接着绘制如图 7-48 所示短斜线。

图 7-47　绘制线段　　　图 7-48　绘制短斜线

（8）调用 MI"镜像"命令，向下镜像复制短斜线，如图 7-49 所示。

（9）调用 PL"多段线"命令，输入 W 选择"宽度"选项，绘制起点宽度为 30，端点宽度为 0 的箭头，PNP 型半导体管符号的绘制如图 7-50 所示。

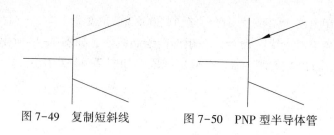

图 7-49　复制短斜线　　　　图 7-50　PNP 型半导体管

7.3　绘制电能发生与转换元件

电能发生与转换元件有异步电动机、变压器、电抗器等，这些元件承担了发电以及转换电能的作用，是电气图纸中不可或缺的图例符号之一，本节介绍这些图例符号的绘制方法。

7.3.1　异步电动机

三相异步电动机符号的表示方式为，在绘制标注文字的圆形上添加导线。

异步电动机，又称感应电动机，即转子置于旋转磁场中，在旋转磁场的作用下，获得一个转动力矩，因而转子转动。转子是可转动的导体，通常多呈鼠笼状。

如图 7-51 所示为在电气工程中常见的异步电动机。

图 7-51　异步电动机

（1）调用 C"圆"命令，绘制半径为 100 的圆形，如图 7-52 所示。

（2）调用 MT"多行文字"命令，在圆形内绘制标注文字，如图 7-53 所示。

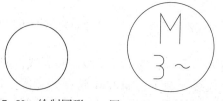

图 7-52　绘制圆形　　图 7-53　绘制标注文字

（3）调用 L"直线"命令，绘制垂直线段表示导线，如图 7-54 所示。

（4）调用 CO "复制" 命令，选择导线向两侧复制，如图 7-55 所示。

图 7-54 绘制线段   图 7-55 复制线段

7.3.2 变压器

三相绕组变压器符号有两种表示方式，第一种表示方式为，半径一致的三个圆形与导线互相组合。第二种表示方式为，使用三个曲线与垂直线段的组合图形来表示三相绕组变压器。

变压器是利用电磁感应的原理来改变交流电压的装置，主要构件是初级线圈、次级线圈和铁芯（磁芯）。主要功能有电压变换、电流变换、阻抗变换、隔离、稳压（磁饱和变压器）等。

如图 7-56 所示为电气工程中常见的变压器。

图 7-56 变压器

（1）调用 C "圆" 命令，绘制半径为 100 的圆形。

（2）调用 CO "复制" 命令，移动复制圆形，结果如图 7-57 所示。

（3）调用 L "直线" 命令，绘制导线如图 7-58 所示。

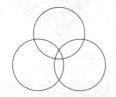

图 7-57 移动复制圆形   图 7-58 绘制导线

（4）调用 CO "复制" 命令，移动复制导线，三相绕组变压器符号第一种表示方式如图 7-59 所示。

（5）参考 7.2.3 小节的绘制方法，绘制与图 7-41 一致的图形。

（6）调用 S "拉伸" 命令，调整垂直线段的长度，如图 7-60 所示。

图 7-59　移动复制导线　　　　　图 7-60　调整垂直线段的长度

（7）调用 CO "复制" 命令，向右复制图形，如图 7-61 所示。

（8）调用 MI "镜像" 命令，向上镜像复制图形，接着执行 M "移动" 命令，调整图形的位置，三相绕组变压器符号第二种表示方式如图 7-62 所示。

图 7-61　向右复制图形　　　　　图 7-62　调整图形的位置

7.3.3　电抗器

电抗器图例符号使用不规则的圆形与线段组合来表示。电抗器也叫电感器，一个导体通电时就会在其所占据的一定空间范围产生磁场，所以所有能载流的电导体都有一般意义上的感性。

如图 7-63 所示为电气工程中常见的电抗器。

图 7-63　电抗器

（1）调用 C "圆" 命令，绘制半径为 150 的圆形，如图 7-64 所示。

（2）调用 L "直线" 命令，绘制如图 7-65 所示的线段。

（3）调用 TR "修剪" 命令，修剪圆形，电抗器图例符号的绘制结果如图 7-66

所示。

图 7-64　绘制圆形　　图 7-65　绘制线段　　图 7-66　电抗器符号

7.4　绘制开关、控制和保护装置常用元件

开关、控制和保护装置元件有多极开关、隔离开关、熔断器、避雷器，这些图例承担了开/关电流、控制与保护电流的作用，本节介绍这些图例的绘制方法。

7.4.1　多极开关

多极开关有两种表示方式，第一种方式为，在绘制完成独立的开关图形后，在导线上绘制短斜线，如短斜线的根数为 3 根，则为三极开关。第二种表达方式为，绘制三个相同的开关图形，绘制虚线将开关图形连接起来。

如图 7-67 所示为电气工程中常见的多极开关。

（1）调用 L "直线" 命令，绘制如图 7-68 所示的线段。

（2）调用 TR "修剪" 命令，修剪垂直线段，并调用 E "删除" 命令，删除水平线段，如图 7-69 所示。

图 7-67　多极开关　　　图 7-68　绘制线段　　图 7-69　修剪线段

（3）调用 L "直线" 命令，绘制短斜线，如图 7-70 所示。

（4）调用 CO "复制" 命令，向上移动复制短斜线，三极开关的第一种表达方式如图 7-71 所示。

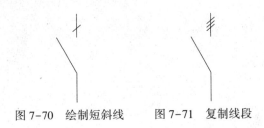

图 7-70　绘制短斜线　　　图 7-71　复制线段

在图 7-69 的基础上执行 CO "复制" 命令，选择开关图形向两侧复制，如图 7-72 所示。调用 L "直线" 命令，绘制虚线连接开关图形，三极开关的第二种表达方式如图 7-73 所示

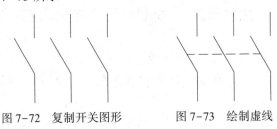

图 7-72　复制开关图形　　　图 7-73　绘制虚线

7.4.2　隔离开关

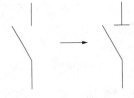

隔离开关符号的表达方式为，各种样式线段的组合，分别有水平线段、垂直线段以及斜线。在图 7-69 的基础上执行 L "直线" 命令，绘制水平线段，可完成绘制隔离开关的操作，如图 7-74 所示。

图 7-74　隔离开关符号

隔离开关（俗称 "刀闸"），一般指的是高压隔离开关，即额定电压在 1kV 及其以上的隔离开关，通常简称为隔离开关，是高压开关电器中使用最多的一种电器，它本身的工作原理及结构比较简单，但是由于使用量大，工作可靠性要求高，对变电所、电厂的设计、建立和安全运行的影响均较大。

如图 7-75 所示为在电气工程中常见的隔离开关。

图 7-75　隔离开关

7.4.3 熔断器

熔断器符号与电阻器符号有相同之处也有不同之处。相同的地方是组成的图形相同，都是矩形与线段相组合。不同的地方是，在熔断器符号中，直线穿过矩形的几何中心；而电阻器符号是以左右两侧矩形边的中点为起点，向矩形外延伸绘制线段。

熔断器是指当电流超过规定值时，以本身产生的热量使熔体熔断，断开电路的一种电器。熔断器是根据电流超过规定值一段时间后，以其自身产生的热量使熔体熔化，从而使电路断开，运用这种原理制成的一种电流保护器。熔断器广泛应用于高低压配电系统和控制系统以及用电设备中，作为短路和过电流的保护器，是应用最普遍的保护器件之一。

如图 7-76 所示为在电气工程中常见的熔断器。

图 7-76 熔断器

（1）调用 REC"矩形"命令，绘制尺寸为 400×100 的矩形，如图 7-77 所示。

（2）调用 L"直线"命令，过矩形的几何中心绘制垂直线段，熔断器符号的绘制结果如图 7-78 所示。

图 7-77 复制矩形　　　图 7-78 绘制线段

7.4.4 避雷器

避雷器的表示方式为，矩形、线段与箭头的组合。避雷器指用于保护电气设备免受雷击时高瞬态过电压危害，并限制续流时间，也常限制续流赋值的一种电器。避雷器有时也称为过电压保护器，过电压限制器。

如图 7-79 所示为电气工程中常见的避雷器。

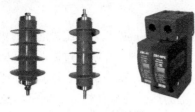

图 7-79　避雷器

（1）调用 REC "矩形"命令，绘制尺寸为 150×300 的矩形，如图 7-80 所示。

（2）调用 PL "多段线"命令，绘制起点宽度为 30，端点宽度为 0 的指示箭头，如图 7-81 所示。

（3）调用 L "直线"命令，在矩形的下方绘制导线，避雷器图例的绘制结果如图 7-82 所示。

图 7-80　绘制矩形　　　图 7-81　绘制指示箭头　　　图 7-82　绘制导线

7.5　绘制测量仪表、 灯及信号器件

测量仪表、灯以及信号器件图例符号包括电流表、信号灯以及蜂鸣器等。其中电流表的度数表示了当前电路中电流的大小，信号灯用来测试电路通电是否正常，而蜂鸣器用来报警。本节介绍这些图例的绘制方法。

7.5.1　电流表

电流表符号的表示方式为，圆形与文字的组合。电流的单位为 "安"，以物理学家安培命名，使用英文字母 A 表示。

电流表是用来测量交、直流电路中电流的仪表，根据通电导体在磁场中受磁场力的作用而制成的。如图 7-83 所示为在电气工程中常见的电流表。

图 7-83　电流表

（1）调用 C "圆" 命令，绘制半径为 100 的圆形，如图 7-84 所示。

（2）调用 MT "多行文字" 命令，在圆内绘制电流单位符号 A，电流表符号的绘制结果如图 7-85 所示。

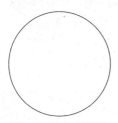 

　图 7-84　绘制圆形　　　　　　图 7-85　绘制单位符号

7.5.2　信号灯

为保证电路的正常运转，在电路结构中常使用信号灯来测试电路通电与否。信号灯亮起，则电路通电，反之亦然。通过观察信号灯的情况，可以监控线路，并及时发现问题以便检修。

（1）调用 C "圆" 命令，绘制半径为 100 的圆形。

（2）调用 L "直线" 命令，绘制直线过圆心连接圆形的上下端点，如图 7-86所示。

（3）调用 RO "旋转" 命令，选择线段，以圆心为基点，旋转线段的结果如图 7-87 所示。

（4）调用 MI "镜像" 命令，选择线段向右镜像复制，信号灯图例的绘制结果如图 7-88 所示。

　图 7-86　绘制线段　　　图 7-87　旋转线段　　　图 7-88　镜像复制线段

7.5.3　蜂鸣器

蜂鸣器的表示方式为，半圆形与线段的组合。蜂鸣器是一种一体化结构的电子讯响器，采用直流电压供电，广泛应用于计算机、打印机、复印机、报警器、电子玩具、汽车电子设备、电话机、定时器等电子产品中作发声器件。蜂鸣器主要分为压电式蜂鸣器和电磁式蜂鸣器两种类型。蜂鸣器在电路中用字母 H 或 HA（旧标准用 FM、ZZG、LB、JD 等）表示。

如图 7-89 所示为电气工程中常见的蜂鸣器。

图 7-89　蜂鸣器

（1）调用 C "圆" 命令，绘制半径为 150 的圆形，如图 7-90 所示。

（2）调用 L "直线" 命令，过圆心绘制线段连接圆形左右两侧的端点，如图 7-91 所示。

图 7-90　绘制圆形　　　　图 7-91　绘制线段

（3）调用 TR "修剪" 命令，修剪圆形，如图 7-92 所示。

（4）调用 L "直线" 命令，绘制垂直线段，如图 7-93 所示。

图 7-92　修剪圆形　　　　图 7-93　绘制线段

（5）调用 O "偏移" 命令，设置偏移距离为 40，选择线段分别向左右两侧偏移，如图 7-94 所示。

（6）调用 EX "延伸" 命令，选择线段副本执行延伸操作，使其与半圆相接，如图 7-95 所示。

（7）调用 E "删除" 命令，删除线段源对象，蜂鸣器图例符号的绘制结果如图 7-96 所示。

图 7-94　偏移线段　　　图 7-95　延伸线段　　　图 7-96　删除线段

7.6 绘制电力和电信布置元件

电力、照明和电信元件包括插座、灯具以及电话机等。其中插座可以提供电源，灯具提供照明，电话机则承担来互通信息的作用。本节介绍这些图例的绘制方法。

7.6.1 带保护接地点密闭插座

在电气图纸中经常使用半圆与线段组合的方式来表示带保护接地点密闭插座图例。插座是指有一个或一个以上电路接线可插入的座，通过它可插入各种接线，便于与其他电路接通。

如图 7-97 所示为在电气工程中常见的防溅插座与地面插座。

图 7-97　插座

（1）调用 C "圆" 命令，绘制半径为 100 的圆形。

（2）调用 L "直线" 命令，过圆心绘制水平线段，结果如图 7-98 所示。

（3）调用 O "偏移" 命令，设置偏移距离为 100，选择线段向上下两侧偏移，如图 7-99 所示。

图 7-98　绘制线段　　图 7-99　偏移线段

（4）调用 TR "修剪" 命令，修剪圆形，如图 7-100 所示。

（5）调用 E "删除" 命令，删除线段与圆弧，如图 7-101 所示。

（6）调用 L "直线" 命令，绘制如图 7-102 所示的水平线段。

（7）接着继续绘制垂直线段，插座图例的绘制结果如图 7-103 所示。

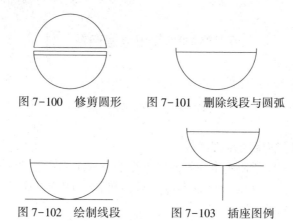

图 7-100　修剪圆形　　图 7-101　删除线段与圆弧

图 7-102　绘制线段　　图 7-103　插座图例

7.6.2　电话机

电话机图例在绘制消防电气工程图纸时使用较多，其表示方式为圆弧与线段相组合。电话通信是通过声能与电能相互转换、并利用"电"这个媒介来传输语言的一种通信技术。两个用户要进行通信，最简单的形式就是将两部电话机用一对线路连接起来。

如图 7-104 所示为在日常生活中常见的电话机。

图 7-104　电话机

（1）调用 REC "矩形"命令，绘制尺寸为 300×400 的矩形，如图 7-105 所示。

（2）调用 X "分解"命令，分解矩形。

（3）调用 O "偏移"命令，设置偏移距离为 150，选择矩形边向下偏移，如图 7-106 所示。

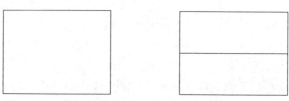

图 7-105　绘制矩形　　　　图 7-106　绘制线段

（4）调用 A"圆弧"命令，绘制如图 7-107 所示的圆弧。

（5）调用 O"偏移"命令，设置偏移距离为 80，选择矩形的两侧边分别向内偏移，如图 7-108 所示。

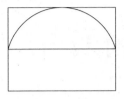 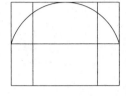

图 7-107　绘制圆弧　　　　　　图 7-108　偏移线段

（6）调用 E"删除"命令、TR"修剪"命令，删除并修剪线段，如图 7-109所示。

（7）调用 O"偏移"命令，设置偏移距离为 50，向上偏移线段，如图 7-110所示。

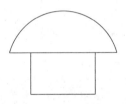 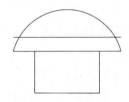

图 7-109　删除并修剪线段　　　　图 7-110　向上偏移线段

（8）调用 TR"延伸"命令，延伸线段如图 7-111 所示。

（9）调用 TR"修剪"命令，修剪线段，电话机图例符号的绘制结果如图 7-112所示。

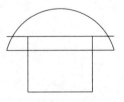 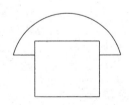

图 7-111　延伸线段　　　　　　图 7-112　电话机图例

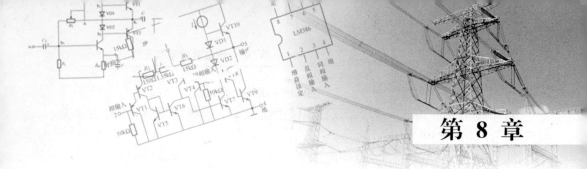

第 8 章

电 路 图 的 设 计

各类家用电器、电子设备的内部都安装了电路，通过启动开关，电路就可以按照所设定的程序来工作，以保证设备的正常使用。本章介绍常见的家用电器（如电饭煲、电冰箱）以及电子设备（如电子抢答器）电路图的绘制方法。

8.1 绘制保温式自动电饭煲电路图

自动电饭煲是常用的家用电器之一，本节介绍电饭煲电路的工作原理，以及电路图的绘制方法。

8.1.1 电路图工作原理

保温式自动电饭煲的电路图的绘制结果如图 8-1 所示，本节介绍电路图的绘制方法。通过读图，可以得知该电路的工作原理如下。

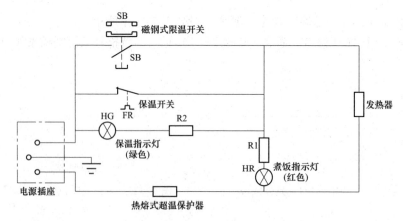

图 8-1 保温式自动电饭煲电路图

在使用电饭煲煮饭时，按下开关 SB，接通发热器电源，此时煮饭红色指示灯亮，开始加热操作。当饭煮熟后，保温开关 FR 动作，其动断触点打开，并且开关 SB 断开。此时将绿色保温指示灯 HG 和限流电阻 R_2 接入电路，蓝色保温指示灯 HG 亮，则电饭煲进入保温状态。此时红色煮饭指示灯因为两端电压较低而熄灭。

在保温期间，煮饭按键开关是断开的，此时发热器能通过绿色保温指示灯 HG 和电阻 R_2 得到较低的电压而进行保温。

电阻 R_1、R_2 用来限制指示灯的电流，以保护指示灯不至于因为电流过大而烧毁，其电阻值要远远大于发热器电阻。

8.1.2 设置绘图环境

（1）设置图层。调用 LA "图层特性" 命令，调出【图层特性管理器】对话框。

（2）在对话框中分别创建 "电气图例" "线路结构" "注释文字" 图层，并分别修改各图层的颜色，如图 8-2 所示。

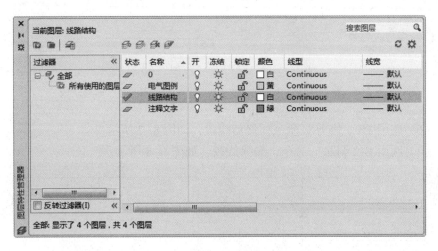

图 8-2　创建图层

（3）参考第三章的知识，分别创建文字样式、标注样式。

（4）将 "线路结构" 图层置为当前图层，即可开始绘制电路图的操作。

8.1.3 绘制线路结构图

（1）调用 REC "矩形" 命令，绘制尺寸为 1200×600 的矩形，如图 8-3 所示。

（2）调用 X "分解" 命令，分解矩形。

（3）调用 O "偏移" 命令，向内偏移矩形边如图 8-4 所示。

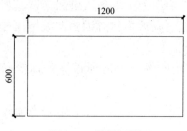

图 8-3 绘制矩形

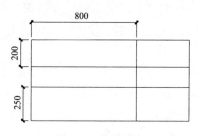

图 8-4 偏移线段

（4）调用 TR "修剪" 命令，修剪线段，如图 8-5 所示。

（5）调用 O "偏移" 命令，偏移线段如图 8-6 所示。

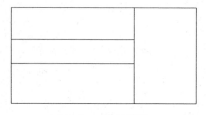

图 8-5 修剪线段

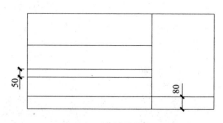

图 8-6 偏移线段

（6）调用 TR "修剪" 命令，修剪线段，如图 8-7 所示。

（7）调用 E "删除" 命令，删除线段，如图 8-8 所示。

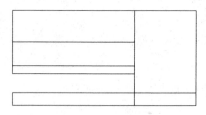

图 8-7 修剪线段

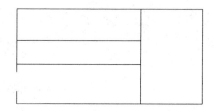

图 8-8 删除线段

（8）调用 L "直线" 命令，绘制长度为 150 的水平线段，结果如图 8-9 所示。

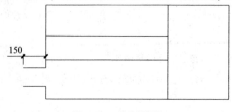

图 8-9 绘制线段

8.1.4 绘制电气图例符号

1. 绘制磁钢式限温开关

（1）将"电气图例"图层置为当前图层。

（2）调用 L "直线"命令，绘制长度为 100 的水平线段，如图 8-10 所示。

（3）调用 RO "旋转"命令，以线段右侧的端点为基点，设置角度值为 30，旋转线段的结果如图 8-11 所示。

图 8-10　绘制线段　　　　图 8-11　旋转线段

（4）调用 L "直线"命令，绘制如图 8-12 所示的线段。

（5）调用 REC "矩形"命令，绘制尺寸为 130×60 的矩形。

（6）调用 X "分解"命令，分解矩形，接着调用 O "偏移"命令，向内偏移矩形边，如图 8-13 所示。

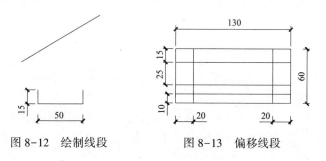

图 8-12　绘制线段　　　　图 8-13　偏移线段

（7）调用 TR "修剪"命令，修剪线段，如图 8-14 所示。

（8）调用 L "直线"命令，绘制虚线连接图形，结果如图 8-15 所示。

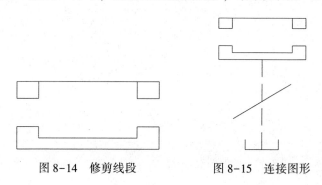

图 8-14　修剪线段　　　　图 8-15　连接图形

2. 绘制保温开关

（1）调用 L "直线" 命令，绘制长度为 100 的水平线段，接着调用 RO "旋转" 命令，设置角度值为 15，旋转线段的结果如图 8-16 所示。

（2）调用 L "直线" 命令，分别绘制水平线段与垂直线段连接短斜线，如图 8-17 所示。

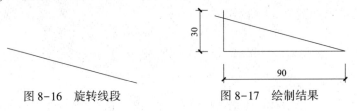

图 8-16　旋转线段　　　　　图 8-17　绘制结果

（3）调用 E "删除" 命令，删除水平线段，如图 8-18 所示。

（4）调用 L "直线" 命令，绘制长度为 60 的虚线，如图 8-19 所示。

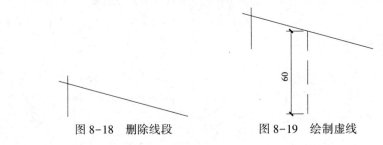

图 8-18　删除线段　　　　　图 8-19　绘制虚线

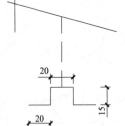

图 8-20　绘制保温开关

（5）调用 L "直线" 命令，绘制如图 8-20 所示的线段，完成保温开关的绘制。

3. 绘制指示灯

（1）调用 C "圆" 命令，绘制半径为 35 的圆形，如图 8-21 所示。

（2）调用 L "直线" 命令，绘制直线以连接圆形的上下端点，如图 8-22 所示。

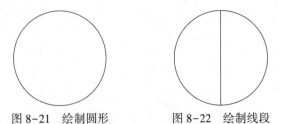

图 8-21　绘制圆形　　　　　图 8-22　绘制线段

（3）调用 RO "旋转" 命令，设置角度值为-30，旋转线段的结果如图 8-23 所示。

（4）调用 MI "镜像" 命令，向左镜像复制线段，指示灯的绘制结果如图 8-24 所示。

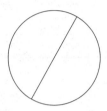 

图 8-23　旋转线段　　　图 8-24　镜像复制线段

4. 绘制接地符号

（1）调用 REC "矩形" 命令，绘制尺寸为 80×40 的矩形，如图 8-25 所示。

（2）调用 X "分解" 命令，分解矩形。

（3）调用 O "偏移" 命令，向内偏移矩形边，如图 8-26 所示。

 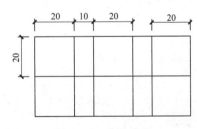

图 8-25　绘制矩形　　　　　　　图 8-26　偏移线段

（4）调用 TR "修剪" 命令，修剪线段，如图 8-27 所示。

（5）调用 E "删除" 命令删除线段，接地符号的绘制结果如图 8-28 所示。

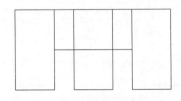 

图 8-27　修剪线段　　　　　　　图 8-28　删除线段

8.1.5　在线路结构图中布置图例符号

（1）调用 M "移动" 命令，将电气图例移动至线路结构上，如图 8-29

所示。

（2）绘制电阻器。调用 REC"矩形"命令，绘制尺寸为 100×40 的矩形，如图 8-30 所示。

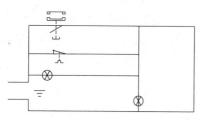

图 8-29　移动图例

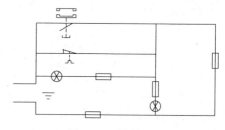

图 8-30　绘制矩形

（3）调用 L"直线"命令，绘制线段连接接地符号，如图 8-31 所示。

（4）调用 C"圆"命令，在线路的末端绘制半径为 10 的圆形，如图 8-32 所示。

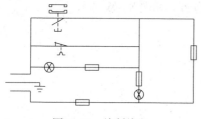

图 8-31　绘制线段

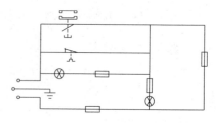

图 8-32　绘制圆形

（5）调用 TR"修剪"命令，修剪线路，如图 8-33 所示。

（6）调用 REC"矩形"命令，绘制尺寸为 250×200 的矩形框选图形，表示电源插座的结果如图 8-34 所示。

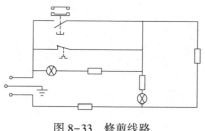

图 8-33　修剪线路

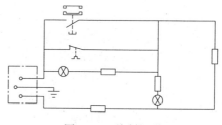

图 8-34　绘制矩形

8.1.6　绘制注释文字

（1）将"注释文字"图层置为当前图层。

（2）调用 MT"多行文字"命令，为电路图绘制注释文字，结果如图 8-35 所示。

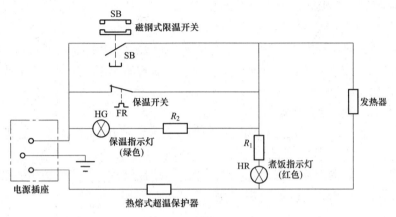

图 8-35　绘制注释文字

8.2　绘制双温双控电冰箱电路图

电冰箱是必备的家用电器之一，通过本节的学习，可以大致了解电冰箱内电路的工作原理。

8.2.1　电路图工作原理

双温双控电冰箱电路图的绘制结果如图 8-36 所示。本节介绍电路图的绘制方法，以下为电冰箱工作原理概述。

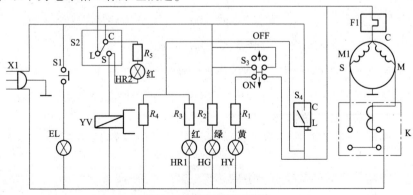

图 8-36　电冰箱电路图

插上电冰箱电源插头后，假如冷藏室温度比较高，则冷藏室温控器 S2 的 C 与 L 接通，使得压缩机的电动机通电并开始制冷。当冷藏室的温度达到设定值时，S2 的 C 与 S 接通，使得电磁阀线圈 VV 通电。切断进入冷藏室的制冷剂回路，制冷剂直接进入冷冻室进行制冷。当冷冻室温度达到设定值时，冷冻室温控器 S4 断开，压缩机断电，停止制冷。

假如将速冻开关 S3 拨到速冻位置，即图中 ON 位置，黄色速冻指示灯 HY 亮，此时压缩机运行制冷。这时 S3 将温控器 S4 短接，压缩机将长时间运行，因此电冰箱在速冻位置运行一段时间后，应该及时切断速冻开关，不然将会影响压缩机的使用寿命。

8.2.2　设置绘图环境

（1）设置图层。调用 LA "图层特性" 命令，调出【图层特性管理器】对话框。

（2）在对话框中分别创建 "电气图例" "线路结构" "注释文字" 图层，并分别修改各图层的颜色，如图 8-37 所示。

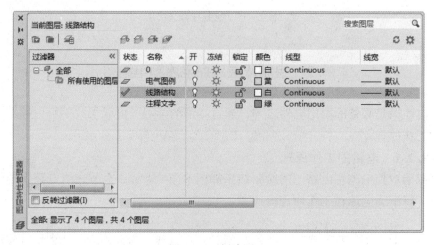

图 8-37　创建图层

（3）参考第 3 章的知识，分别创建文字样式、标注样式。

（4）将 "线路结构" 图层置为当前图层，即可开始绘制电路图的操作。

8.2.3　绘制线路结构图

（1）调用 REC "矩形" 命令，绘制尺寸为 2400×1400 的矩形，如图 8-38 所示。

（2）调用 X "分解" 命令，分解矩形。

（3）调用 O "偏移" 命令，偏移矩形边，如图 8-39 所示。

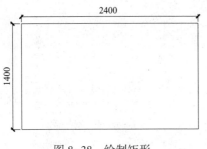

图 8-38　绘制矩形

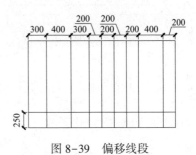

图 8-39　偏移线段

（4）重复执行 O "偏移" 命令，向外偏移矩形边，如图 8-40 所示。

（5）调用 TR "修剪" 命令，修剪线段，如图 8-41 所示。

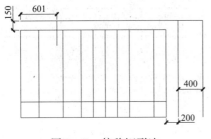

图 8-40　偏移矩形边

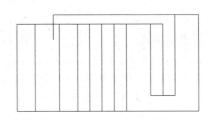

图 8-41　修剪线段

（6）调用 O "偏移" 命令，偏移线段，接着调用 L "直线" 命令，绘制斜线，如图 8-42 所示。

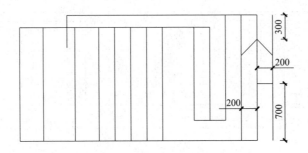

图 8-42　绘制斜线

（7）调用 TR "修剪" 命令，修剪线段如图 8-43 所示。

（8）调用 O "偏移" 命令，偏移如图 8-44 所示的线段。

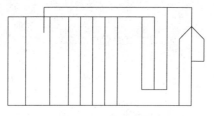

图 8-43　修剪线段

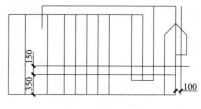

图 8-44　偏移线段

（9）使用 TR "修剪" 命令，修剪线段如图 8-45 所示。

（10）执行 EX "延伸" 命令，延伸线段，闭合图形的结果如图 8-46 所示。

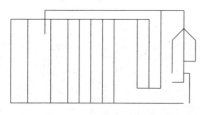

图 8-45　修剪线路

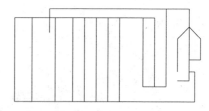

图 8-46　延伸线段

（11）执行 O "偏移" 命令，按图中所示的距离值偏移线段，如图 8-47 所示。

（12）调用 TR "修剪" 命令，修剪线段以完成线路的绘制，如图 8-48 所示。

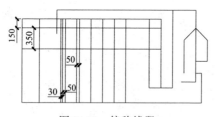

图 8-47　偏移线段

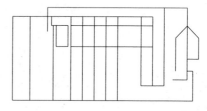

图 8-48　修剪线段

（13）使用 O "偏移" 命令，设置偏移距离为 100，向下偏移线段如图 8-49 所示。

（14）调用 TR "修剪" 命令修剪线段，结果如图 8-50 所示。

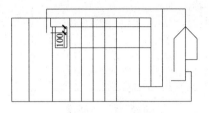

图 8-49　偏移线段

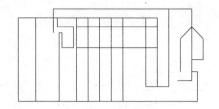

图 8-50　修剪线段

（15）执行 O "偏移" 命令，选择如图 8-51 所示的线段，输入偏移距离为 100 偏移线段。

（16）调用 TR "修剪" 命令，修剪如图 8-52 所示的线段。

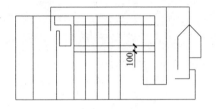

图 8-51　偏移线段

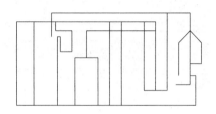

图 8-52　修剪结果

（17）调用 O "偏移" 命令，设置偏移距离为 70，偏移线段如图 8-53 所示。

（18）执行 TR "修剪" 命令，修剪线段，结果如图 8-54 所示。

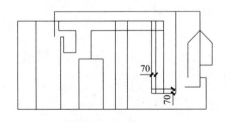

图 8-53　偏移线路

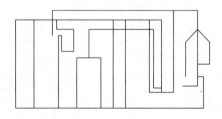

图 8-54　修剪结果

（19）通过执行 O "偏移" 命令，按照指定的参数值来偏移线段，操作结果如图 8-55 所示。

（20）使用 TR "修剪" 命令修剪线段的结果如图 8-56 所示。

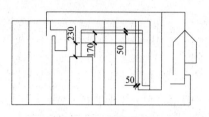

图 8-55　偏移线段

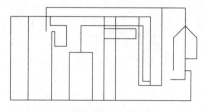

图 8-56　修剪线段

（21）调用 O "偏移" 命令，设置偏移距离为 80，向下偏移水平线段，如图 8-57 所示。

（22）调用 F "圆角" 命令，设置圆角半径为 0，修剪线段的结果如图 8-58 所示。

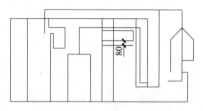

图 8-57　向下偏移线段

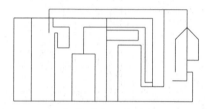

图 8-58　修剪结果

（23）调用 L "直线" 命令，绘制长度为 200 的水平线段，如图 8-59 所示。

（24）使用 TR "修剪" 命令来修剪线段，绘制线路结构图的结果如图 8-60 所示。

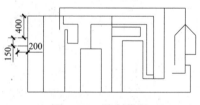

图 8-59　绘制线段

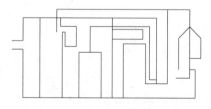

图 8-60　修剪线段

8.2.4　绘制电气图例符号

1. 绘制插座

（1）将 "电气图例" 图层置为当前图层。

（2）调用 C "圆" 命令，绘制半径为 75 的圆形，如图 8-61 所示。

（3）调用 L "直线" 命令，绘制垂直线段，如图 8-62 所示。

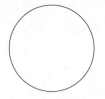

图 8-61　绘制圆形

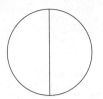

图 8-62　绘制线段

（4）调用 TR "修剪" 命令，修剪线段如图 8-63 所示。

（5）执行 L "直线" 命令，绘制长度为 100 的水平线段，插座图例的绘制结果如图 8-64 所示。

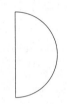

图 8-63　修剪圆形

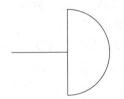

图 8-64　绘制水平线段

2. 绘制电磁阀

（1）调用 REC "矩形" 命令，绘制如图 8-65 所示的矩形。

（2）执行 X "分解" 命令，分解矩形。

（3）使用 E "删除" 命令，删除矩形边，如图 8-66 所示。

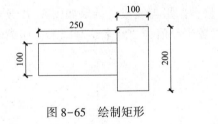

图 8-65　绘制矩形

图 8-66　删除矩形边

（4）调用 L "直线" 命令，绘制对角线，电磁阀图例的绘制结果如图 8-67 所示。

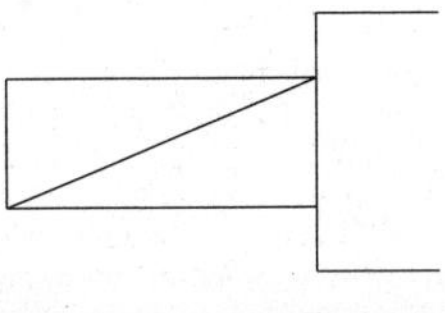

3. 绘制过载保护器

（1）调用 REC "矩形" 命令，绘制尺寸为 220×150 的矩形，如图 8-68 所示。

（2）执行 X "分解" 命令，分解矩形。

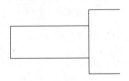

图 8-67　绘制对角线

（3）调用 O "偏移"命令，按照图中所示的参数距离，选择矩形边向内偏移，如图 8-69 所示。

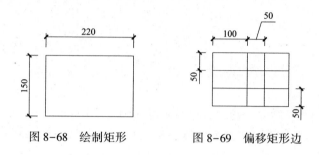

图 8-68 绘制矩形   图 8-69 偏移矩形边

（4）调用 TR "修剪"命令，修剪线段，绘制电阻器符号的结果如图 8-70 所示。

4. 绘制压缩电动机

（1）调用 C "圆"命令，在线路上绘制半径为 30 的圆形，如图 8-71 所示。

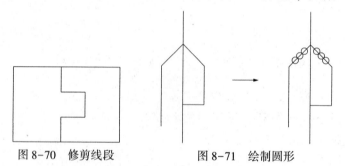

图 8-70 修剪线段   图 8-71 绘制圆形

（2）调用 TR "修剪"命令，修剪圆形与线段，结果如图 8-72 所示。

（3）执行 C "圆形"命令，设置半径值为 200 来绘制圆形，压缩电动机图形的绘制结果如图 8-73 所示。

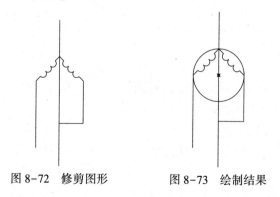

图 8-72 修剪图形   图 8-73 绘制结果

8.2.5　在线路结构图中布置图例符号

（1）调用 M "移动"命令，将电气图例符号移动至线路结构图中，如图 8-74 所示。

（2）参考 8.2.3 小节的内容，分别调用 C "圆"命令、L "直线"命令、REC "矩形"命令，绘制指示灯以及电阻器图例，如图 8-75 所示。

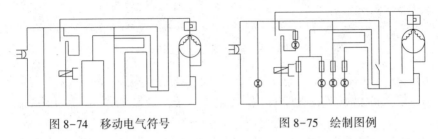

图 8-74　移动电气符号　　　　图 8-75　绘制图例

（3）绘制控制器。调用 C "圆"命令，绘制半径为 20 的圆形，如图 8-76 所示。

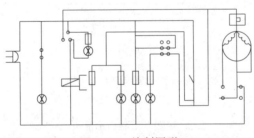

图 8-76　绘制圆形

（4）调用 TR "修剪"命令，修剪线路结构，结果如图 8-77 所示。

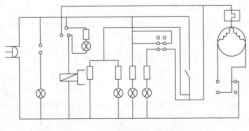

图 8-77　修剪线路结构

（5）执行 L "直线"命令，绘制线段连接圆形，如图 8-78 所示。

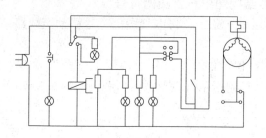

图 8-78　绘制线段连接圆形

（6）绘制指示箭头。执行 PL "多段线" 命令，输入 W 选择 "宽度" 选项，设置箭头的起点宽度为 20，端点宽度为 0，绘制如图 8-79 所示的指示箭头。

（7）绘制电流起动继电器。调用 C "圆" 命令，绘制半径为 50 的圆形，如图 8-80 所示。

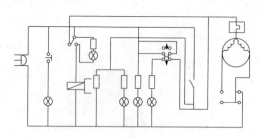

图 8-79　绘制指示箭头

（8）调用 TR "修剪" 命令，修剪圆形，接着执行 L "直线" 命令，绘制垂直线段延长线路，如图 8-81 所示。

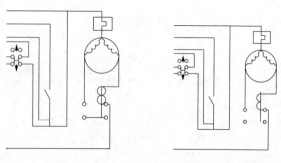

图 8-80　绘制电流起动继电器　　　图 8-81　修剪图形

（9）调用 REC"矩形"命令，分别绘制矩形框选控制器、开关、电流起动继电器，值得注意的是，框选电流起动继电器的矩形的线型需要设置为点划线，如图 8-82 所示。

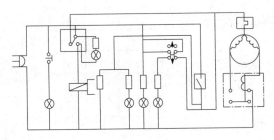

图 8-82　绘制矩形

8.2.6　绘制注释文字

（1）将"注释文字"图层置为当前图层。

（2）调用 MT"多行文字"命令，为电路图绘制注释文字，结果如图 8-83 所示。

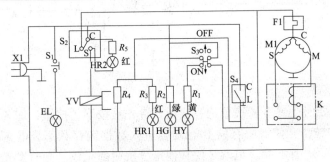

图 8-83　绘制注释文字

8.3　绘制电子抢答器电路图

在各类知识竞猜类节目中，电子抢答器是必不可少的工具之一。通过本节的学习，可以了解抢答器的工作原理以及电路图的绘制方法。

8.3.1　电路图工作原理

电子抢答器电路图的绘制结果如图 8-84 所示，本节介绍其绘制步骤。电子抢答器电路工作原理介绍如下。

当抢答按钮 SB1—SB4 都没有被按下时，抢答器处于待机状态，发光二极管 VD1—VD4 均不亮。

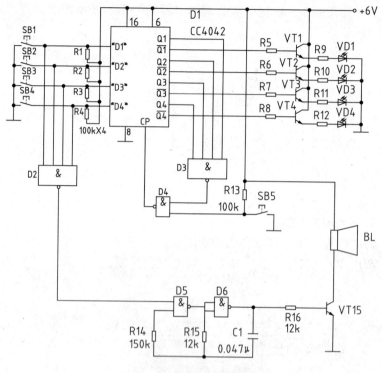

图 8-84 抢答器电路图

当抢答开始时,参赛者按下抢答按钮。首先被按下的按钮,如 SB1 使其对应的 D 触发器翻转,并使得所有的 D 触发器进入数据锁存状态,电路对在此时间以后的信号都不再有响应,也就是说其他抢答按钮都无效,同时发光二极管 VD1 发光,指示出 SB1 抢得了发言权。

当一轮抢答结束后,主持人按下复位按钮 SB5,使得电路又恢复到待机状态,为新一轮抢答做好准备。

8.3.2 设置绘图环境

(1)设置图层。调用 LA "图层特性"命令,调出"图层特性管理器"对话框。

(2)在对话框中分别创建"电气图例""线路结构""注释文字"图层,并分别修改各图层的颜色,如图 8-85 所示。

(3)参考第 3 章的知识,分别创建文字样式、标注样式。

(4)将"线路结构"图层置为当前图层,即可开始绘制电路图的操作。

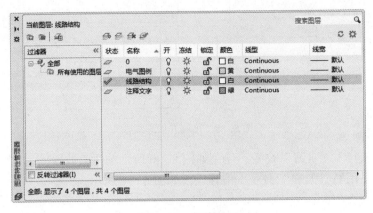

图 8-85 创建图层

8.3.3 绘制线路结构图

（1）执行 REC"矩形"命令，绘制如图 8-86 所示的矩形。

（2）调用 L"直线"命令，绘制水平线段，接着调用 O"偏移"命令，偏移线段如图 8-87 所示。

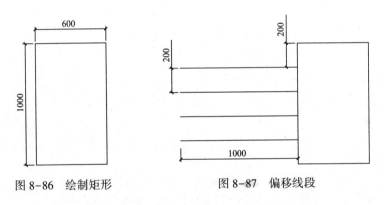

图 8-86 绘制矩形　　　　　　图 8-87 偏移线段

（3）使用 L"直线"命令，绘制垂直线段如图 8-88 所示。

（4）调用 L"直线"命令、O"偏移"命令，绘制并偏移线段，如图 8-89 所示。

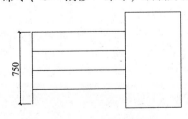

图 8-88 绘制垂直线段

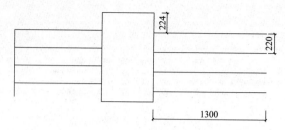

图 8-89　绘制并偏移线段

（5）执行 L "直线" 命令，绘制如图 8-90 所示的垂直线段。

（6）调用 O "偏移" 命令，偏移线段如图 8-91 所示。

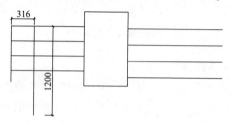

图 8-90　绘制线段

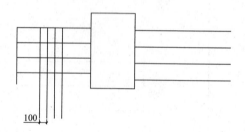

图 8-91　偏移线段

（7）执行 TR "修剪" 命令，修剪线段如图 8-92 所示。

（8）调用 L "直线" 命令，绘制水平线段，如图 8-93 所示。

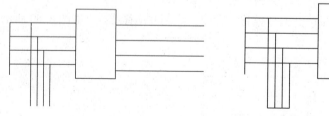

图 8-92　修剪线段

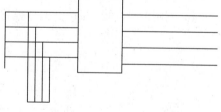

图 8-93　绘制水平线段

（9）执行 L "直线" 命令，绘制如图 8-94 所示的线段。

（10）调用 O "偏移" 命令，偏移线段，如图 8-95 所示。

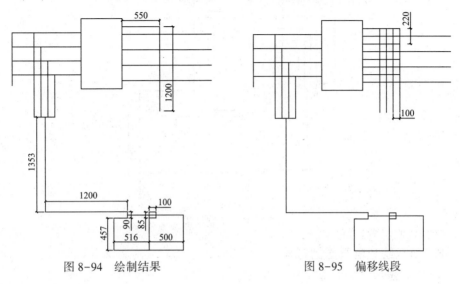

图 8-94 绘制结果 图 8-95 偏移线段

（11）调用 TR "修剪" 命令，修剪线段，如图 8-96 所示。

（12）执行 L "直线" 命令，绘制如图 8-97 所示的线路。

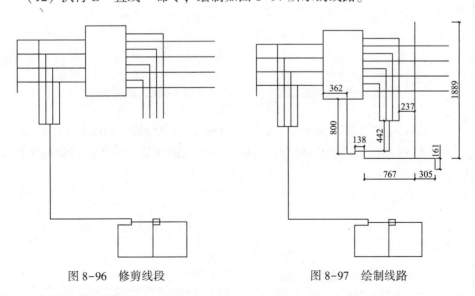

图 8-96 修剪线段 图 8-97 绘制线路

（13）执行 O "偏移" 命令、TR "修剪" 命令、L "直线" 命令，绘制并偏移线段，完成线路结构图的绘制结果如图 8-98 所示。

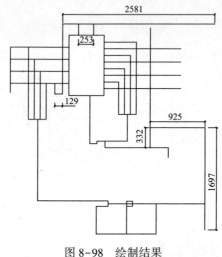

图 8-98　绘制结果

8.3.4　绘制电气图例符号

1. 绘制按钮开关

（1）调用 L "直线"命令，绘制长度为 120 的水平线段，如图 8-99 所示。

（2）调用 RO "旋转"命令，设置旋转角度为 15，旋转线段的结果如图 8-100 所示。

图 8-99　绘制线段　　　　　　　　图 8-100　旋转线段

（3）执行 L "直线"命令，绘制长度为 80 的垂直线段，如图 8-101 所示。

（4）执行 PL "多段线"命令，绘制线段，完成按钮开关图例的绘制结果如图 8-102 所示。

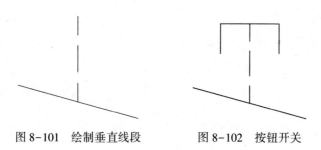

图 8-101　绘制垂直线段　　　　图 8-102　按钮开关

2. 绘制晶体管

（1）执行 L "直线"命令，绘制长度为 120 的垂直线段。

（2）接着通过调用 L "直线"命令，绘制上下对称的斜线，如图 8-103 所示。

（3）执行 PL "多段线"命令，设置起点宽度为 20，端点宽度为 0 的箭头，完成晶体管图例的绘制结果如图 8-104 所示。

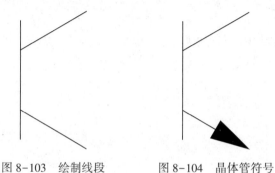

图 8-103　绘制线段　　　　图 8-104　晶体管符号

3. 绘制发光二极管

（1）执行 REC "矩形"命令，绘制尺寸为 80×60 的矩形，如图 8-105 所示。

（2）调用 L "直线"命令，在矩形中绘制如图 8-106 所示的斜线段。

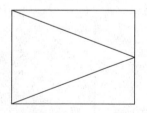

图 8-105　绘制矩形　　　　图 8-106　绘制斜线段

（3）使用 TR "修剪"命令，修剪矩形边，如图 8-107 所示。

（4）调用 PL "多段线"命令，绘制起点宽度为 10，端点宽度为 0 的指示箭头，发光二极管图例的绘制结果如图 8-108 所示。

4. 绘制扬声器

（1）执行 REC "矩形"命令，分别绘制尺寸为 70×200、200×300 的矩形，如图 8-109 所示。

（2）调用 L "直线"命令，绘制如图 8-110 所示的线段。

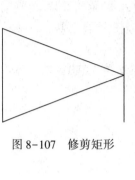

图 8-107　修剪矩形

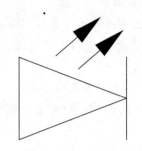

图 8-108　发光二极管符号

图 8-109　绘制矩形

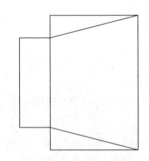

图 8-110　绘制线段

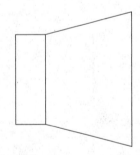

图 8-111　扬声器图例

（3）调用 TR"修剪"命令，修剪矩形，绘制扬声器图例符号的结果如图 8-111 所示。

8.3.5　在线路结构图中布置图例符号

（1）将"电气图例"图层置为当前图层。

（2）调用 M"移动"命令，选择图例符号，将其移动至线路结构图中，如图 8-112 所示。

（3）将"线路结构"图层置为当前图层。

（4）调用 L"直线"命令，绘制如图 8-113 所示的线路。

（5）将"电气图例"图层置为当前图层。

（6）绘制电阻器。调用 REC"矩形"命令，绘制尺寸为 100×35 的矩形，如图 8-114 所示。

（7）将"线路结构"图层置为当前图层。

（8）执行 L"直线"命令，绘制线路来连接电阻器，如图 8-115 所示。

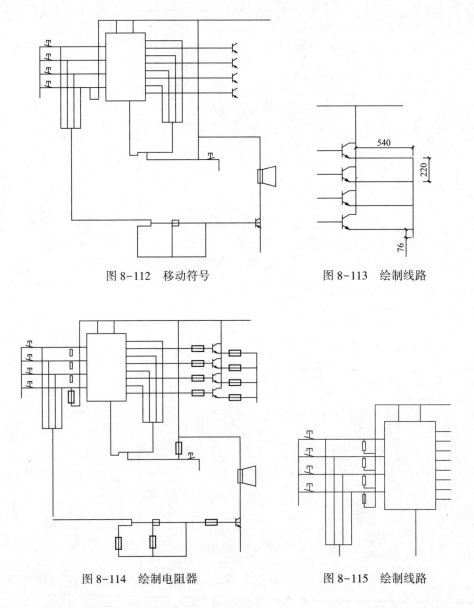

图 8-112 移动符号

图 8-113 绘制线路

图 8-114 绘制电阻器

图 8-115 绘制线路

（9）将"电气图例"图层置为当前图层。

（10）绘制触发器。调用 REC "矩形"命令，分别绘制尺寸为 400×200、140×200 的矩形，如图 8-116 所示。

（11）调用 C "圆"命令，绘制半径为 15 的圆形，如图 8-117 所示。

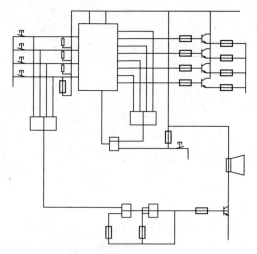

图 8-116　绘制触发器

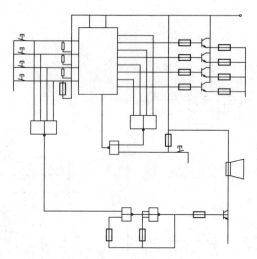

图 8-117　绘制圆形

　　（12）绘制电容器。调用 L "直线" 命令，绘制长度为 100 的水平线段，接着执行 O "偏移" 命令，设置偏移距离为 50，偏移线段以完成电容器符号的绘制，结果如图 8-118 所示。

　　（13）绘制接地板。执行 L "直线" 命令，绘制长度为 150 的水平线段表示接地板符号，如图 8-119 所示。

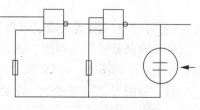

图 8-118　绘制电容器

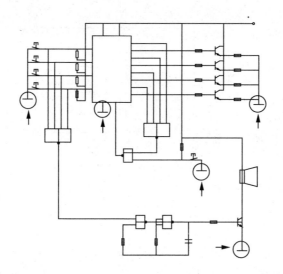

图 8-119 绘制接地板

（14）调用 M "移动"命令，将发光二极管图例符号移动至线路结构图中去，如图 8-120 所示。

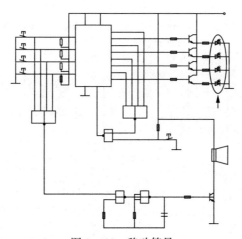

图 8-120 移动符号

（15）绘制导线连接构件。调用 C "圆"命令，绘制半径为 15 的圆形。

（16）执行 H "填充"命令，在"填充"面板上选择 SOLID 图案，如图 8-121 所示。

（17）单击选择圆形，填充图案的结果如

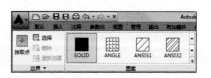

图 8-121 选择图案

图 8-122 所示。

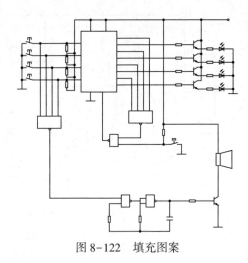

图 8-122　填充图案

8.3.6　绘制注释文字

（1）将"注释文字"图层置为当前图层。

（2）执行 MT"多行文字"命令，为电路图绘制注释文字，结果如图 8-123 所示。

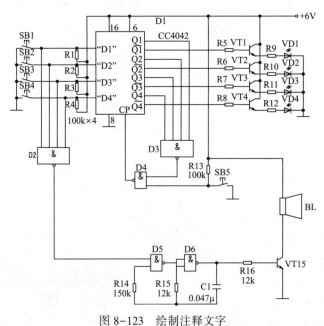

图 8-123　绘制注释文字

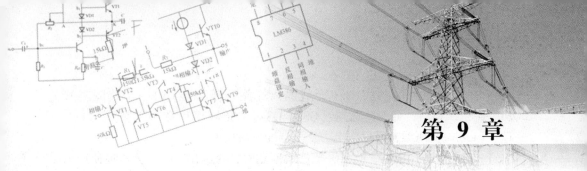

第 9 章

绘制变配电工程图纸

本章介绍各类变配电工程图纸的绘制，如架空线路单侧双回路供电系统电路图、电力变压器自动降温控制电路图、低压配电室用万能式断路器及其合闸电路图等。分别讲解电路图的绘制步骤以及电路的工作原理。

9.1 绘制架空线路单侧双回路供电系统电路

本节内容帮助读者了解架空线路单侧双回路供电系统电路的工作原理及其电路图的绘制方法，其中包括各类电气图例符号的绘制。

9.1.1 电路图工作原理

如图 9-1 所示为架空线路单侧双回路供电系统电路图的绘制结果，本节介绍其绘制方法。系统电路的工作原理如下。

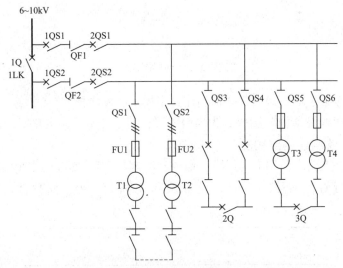

图 9-1 架空线路供电系统电路图

6~10kV 高压电供电→1QS1 干线隔离开关→断路器 QF1→干线隔离开关 2QS1→架空线路后，分三路分别经 QS2、QS4、QS6 隔离开关→电容器（如 FU2）→T2、T4 电力变压器，最后由电力变压器变压后供电给用户。

另一支路为备用电路，当某一支路有问题时，通过相应的开关转换使用另一支路。备用支路上有两台变压器和相应的高压用电装置。其中，1Q 为高压联络开关，当一路停电时，可以通过另一路供电。2Q、3Q 为低压联络开关，可以保证可靠供电。

9.1.2　设置绘图环境

（1）设置图层。调用 LA "图层特性" 命令，调出【图层特性管理器】对话框。

（2）在对话框中分别创建 "电气图例" "线路结构" "注释文字" 图层，并分别修改各图层的颜色，如图 9-2 所示。

图 9-2　创建图层

（3）参考第 3 章的知识，分别创建文字样式、标注样式。

（4）将 "线路结构" 图层置为当前图层，即可开始绘制电路图的操作。

9.1.3　绘制线路结构图

（1）绘制支路。调用 L "直线" 命令，绘制长度为 4200 的水平线段。

（2）执行 O "偏移" 命令，设置偏移距离为 500，偏移线段如图 9-3 所示。

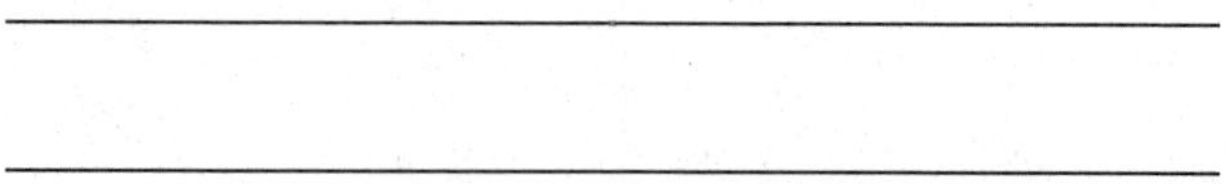

图 9-3　创建图层

（3）绘制母线。调用 PL"多段线"命令，设置起点宽度、端点宽度为 10，绘制长度为 1200 的线段，如图 9-4 所示。

（4）执行 L"直线"命令，绘制支路，接着调用 O"偏移"命令，设置偏移距离为 500，偏移线段的结果如图 9-5 所示。

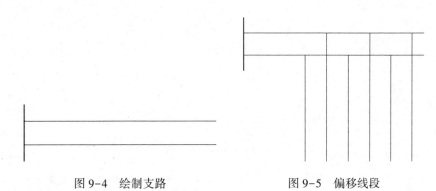

图 9-4 绘制支路　　　　　　　　图 9-5 偏移线段

9.1.4 绘制电气图例符号

1. 绘制隔离开关

（1）将"电气图例"图层置为当前图层。

（2）调用 L"直线"命令，绘制长度为 200 的水平线段，如图 9-6 所示。

（3）再次执行上述操作，绘制长度为 100 的垂直线段，如图 9-7 所示。

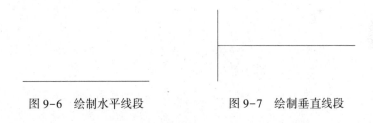

图 9-6 绘制水平线段　　　　　　图 9-7 绘制垂直线段

（4）执行 RO"旋转"命令，设置旋转角度为 45，旋转线段如图 9-8 所示。

（5）调用 MI"镜像"命令，镜像复制斜线段，如图 9-9 所示。

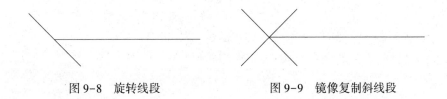

图 9-8 旋转线段　　　　　　　　图 9-9 镜像复制斜线段

（6）调用 RO"镜像"命令，设置旋转角度为 25，调整水平线段的角度，绘制隔离开关图例的结果如图 9-10 所示。

（7）再次执行 RO"旋转"命令，设置旋转角度为 25，在图 9-7 的基础上选择水平线段执行旋转操作，可以得到断路器的图例符号，结果如图 9-11 所示。

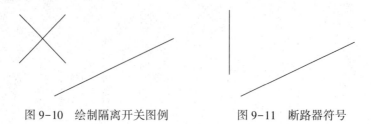

图 9-10　绘制隔离开关图例　　　　图 9-11　断路器符号

2. 绘制电力变压器

（1）执行 C"圆"命令，绘制半径为 110 的圆形，如图 9-12 所示。

（2）调用 CO"复制"命令，移动复制圆形，绘制电力变压器图例的结果如图 9-13 所示。

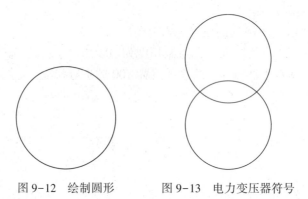

图 9-12　绘制圆形　　　　图 9-13　电力变压器符号

9.1.5　在线路结构图中布置图例符号

（1）调用 M"移动"命令、RO"旋转"命令，将电气图例符号移动至线路结构图中，如图 9-14 所示。

（2）调用 L"直线"命令，绘制水平线路，如图 9-15 所示。

（3）调用 TR"修剪"命令，修剪线段，如图 9-16 所示。

（4）执行 CO"复制"命令，选择"隔离开关"图例，移动复制到水平线路上，如图 9-17 所示。

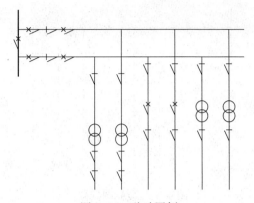

图 9-14 移动图例

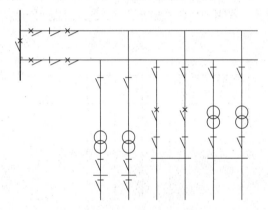

图 9-15 绘制水平线路

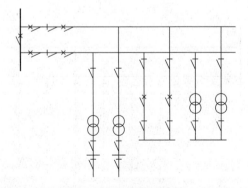

图 9-16 修剪线段

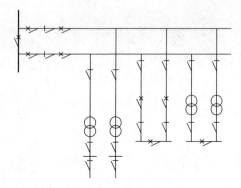

图 9-17 复制图例符号

（5）执行 L"直线"命令，绘制如图 9-18 所示虚线连接线路。

（6）绘制熔断器。调用 REC"矩形"命令，绘制尺寸为 100×200 的矩形，如图 9-19 所示。

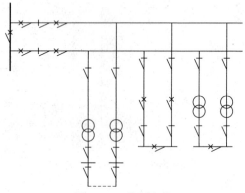

图 9-18 绘制虚线

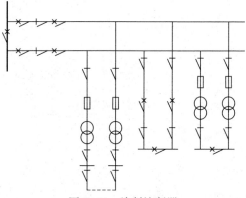

图 9-19 绘制熔断器

（7）执行 L "直线"命令，在熔断器的上方绘制短斜线，如图 9-20 所示。

（8）调用 TR "修剪"命令，修剪线路，结果如图 9-21 所示。

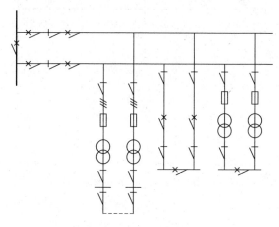

图 9-20 绘制短斜线

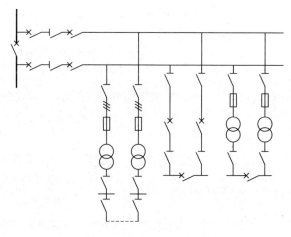

图 9-21 修剪线路

9.1.6 绘制注释文字

（1）将"注释文字"图层置为当前图层。

（2）执行 MT "多行文字"命令，为电路图绘制文字代号，如图 9-22 所示。

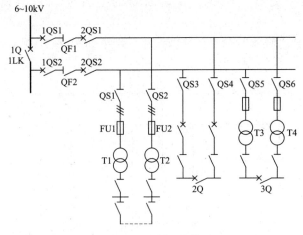

图 9-22　绘制文字代号

9.2　绘制电力变压器自动降温控制电路图

本节通过介绍电力变压器自动降温控制电路的工作原理及其电路图的绘制方法，帮助读者了解变压器电路的相关知识。

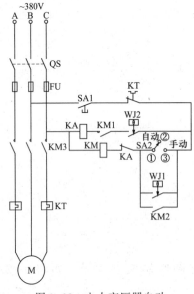

图 9-23　电力变压器自动
降温控制电路图

9.2.1　电路图工作原理

电力变压器自动降温控制电路图的绘制结果如图 9-23 所示，本节介绍其绘制方法。电路图的工作原理介绍如下。

手动状态。将功能开关 SA2 的①与③触点接通，电路则处于手动控制风扇电动机的状态。此时，按下 SA1 自锁按钮，可使 KM 交流接触器线圈得电吸合，其动合触点 KM2 闭合自锁。KM3 动合触点闭合，可使风扇得电工作，以对电力变压器进行冷却操作。

自动状态。将功能开关 SA2 的①与②触点接通，电路处于自动控制电扇电动机状态。

在变压器运行，且其温度上升到上限值时，WJ1 温度计的上限触点闭合，使得 KM 交流接触器线圈得电吸合，其 KM1、KM2、KM3 动合触点均闭合，从而使得电风扇起动工作，对电力变压器执行降温操作。

当风扇起动工作为电力变压器降温时，当变压器的温度下降为下限值时，WJ2 温度计下限触点闭合，进而使得 KA 继电器线圈得电吸合，使其动断触点断开，从而切断交流接触器 KM 线圈的供电，并使其断电释放，KM1、KM2、KM3 触点均断开，从而使得风扇电动机停止工作。

9.2.2　设置绘图环境

（1）设置图层。调用 LA "图层特性"命令，调出【图层特性管理器】对话框。

（2）在对话框中分别创建"电气图例""线路结构""注释文字"图层，并分别修改各图层的颜色，如图 9-24 所示。

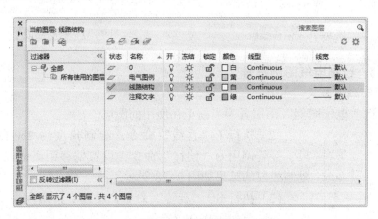

图 9-24　创建图层

（3）参考第 3 章的知识，分别创建文字样式、标注样式。

（4）将"线路结构"图层置为当前图层，即可开始绘制电路图的操作。

9.2.3　绘制线路结构图

（1）执行 L "直线"命令，绘制垂直线段。

（2）调用 O "偏移"命令，设置偏移距离为 350，偏移线段的结果如图 9-25 所示。

（3）重复执行上述操作，继续绘制线路图形，结果如图 9-26 所示。

（4）调用 TR "修剪"命令，修剪线路图形，结果如图 9-27所示。

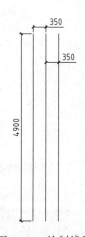

图 9-25　绘制线段

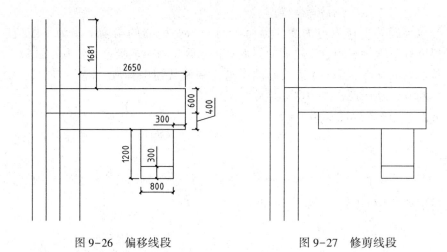

图9-26 偏移线段   图9-27 修剪线段

9.2.4 绘制电气图例符号

1. 绘制隔离开关

（1）将"电气图例"图层置为当前正在使用的图层。

（2）执行 L"直线"命令，绘制长度为 250 的垂直线段，接着调用 O"偏移"命令，设置偏移距离为 350，移动复制线段的结果如图 9-28 所示。

（3）执行 RO"旋转"命令，设置旋转角度为 25，旋转线段的结果如图 9-29 所示。

（4）调用 L"直线"命令，绘制虚线连接短斜线，隔离开关图例符号的绘制结果如图 9-30 所示。

图9-28 偏移线段

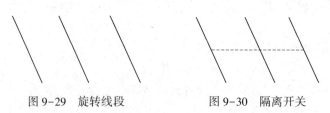

图9-29 旋转线段   图9-30 隔离开关

2. 绘制接触器

（1）调用 L"直线"命令，绘制长度为 300 的线段，接着执行 O"偏移"命令，设置偏移距离为 350，向右偏移线段的结果如图 9-31 所示。

（2）执行 C"圆"命令，绘制半径为 25 的圆形，如图 9-32 所示。

218

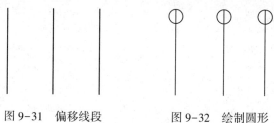

图 9-31 偏移线段   图 9-32 绘制圆形

（3）执行 TR "修剪"命令，分别修剪圆形及线段，如图 9-33 所示。

（4）调用 RO "旋转"命令，指定角度值为 25，旋转线段的结果如图 9-34 所示。

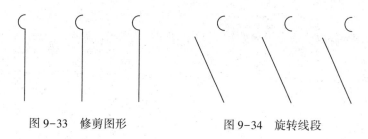

图 9-33 修剪图形   图 9-34 旋转线段

3. 绘制继电器

（1）执行 L "直线"命令，分别绘制长度为 130、300 的线段，如图 9-35 所示。

（2）调用 RO "旋转"命令，设置角度值为 20，旋转线段如图 9-36 所示。

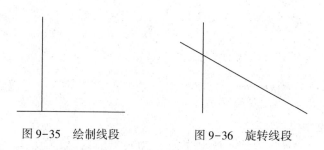

图 9-35 绘制线段   图 9-36 旋转线段

（3）执行 L "直线"命令，绘制高度为 150 的虚线，如图 9-37 所示。

（4）调用 PL "多段线"命令，绘制如图 9-38 所示的线段，以完成继电器图例符号的绘制。

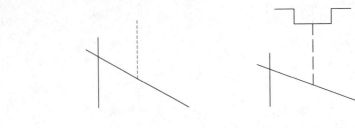

图 9-37　绘制虚线　　　　图 9-38　继电器图例

4. 绘制电接点温度计

（1）执行 L"直线"命令，绘制长度为 250 的水平线段。

（2）调用 RO"旋转"命令，设置旋转角度为 25，调整

图 9-39　旋转线段　　线段角度的结果如图 9-39 所示。

（3）使用 PL"多段线"命令，输入 W 选择"宽度"选项，设置起点宽度为 20，端点宽度为 0，绘制如图 9-40 所示的指示箭头。

（4）调用 REC"矩形"命令，绘制尺寸为 120×200 的矩形，如图 9-41 所示。

（5）执行 EL"椭圆"命令、L"直线"命令，绘制如图 9-42 所示的符号以完成温度计图例符号的绘制。

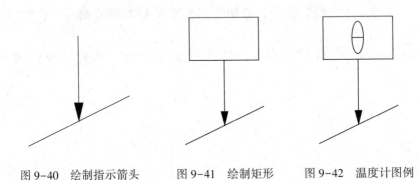

图 9-40　绘制指示箭头　　图 9-41　绘制矩形　　图 9-42　温度计图例

5. 绘制电动机

（1）执行 C"圆"命令，绘制半径为 300 的圆形，如图 9-43 所示。

（2）执行 MT"多行文字"命令，在圆形内绘制标注文字，完成电动机图例符号的绘制结果如图 9-44 所示。

图 9-43 绘制圆形　　图 9-44 电动机图例

6. 绘制自动与手动转换开关

（1）执行 L "直线"命令，绘制宽度为 150 的水平线段以及高度为 190 的垂直线段，如图 9-45 所示。

（2）调用 C "圆"命令，绘制半径为 30 的圆形，如图 9-46 所示。

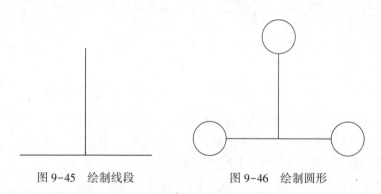

图 9-45 绘制线段　　　　　图 9-46 绘制圆形

（3）执行 E "删除"命令，删除线段，如图 9-47 所示。

（4）调用 PL "多段线"命令，设置起点宽度为 20，端点宽度为 0，绘制如图 9-48 所示的指示箭头以完成转换开关图例符号的绘制。

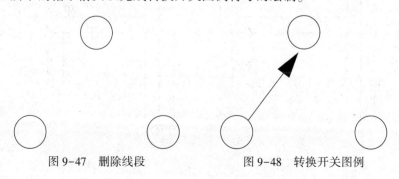

图 9-47 删除线段　　　　　图 9-48 转换开关图例

9.2.5 在线路结构图中布置图例符号

（1）执行 M "移动"命令，选择电气图例，将其移动至线路结构图中去，如图 9-49 所示。

（2）沿用前面介绍过的知识，继续绘制其他电气符号，如熔断器、开关等，如图 9-50 所示。

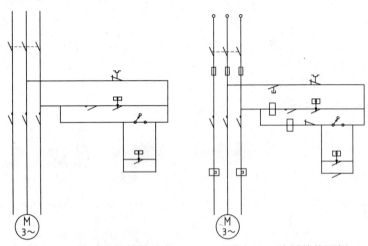

图 9-49　移动电气符号　　　　图 9-50　绘制其他图例

（3）执行 TR "修剪"命令，修剪线路，如图 9-51 所示。

（4）调用 L "直线"命令，绘制斜线连接线路与电动机，接着执行 TR "修剪"命令，修剪线路，结果如图 9-52 所示。

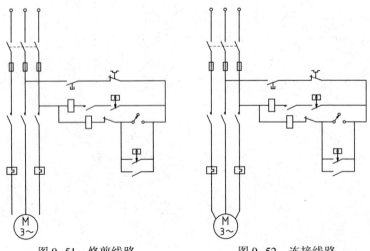

图 9-51　修剪线路　　　　图 9-52　连接线路

9.2.6 绘制注释文字

（1）将"注释文字"图层置为当前图层。

（2）执行 MT"多行文字"命令，在电气符号图例旁绘制字母代号，如图 9-53 所示。

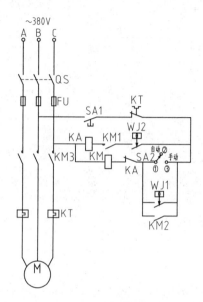

图 9-53　绘制注释文字

9.3　绘制低压配电室用万能式断路器及其自动合闸电路图

本节内容帮助了解低压配电室中的断路器是如何工作的以及其工作电路图如何绘制。

9.3.1　电路图工作原理

低压配电室用万能式断路器及其合闸电路图的绘制结果如图 9-54 所示，本节介绍其绘制步骤。电路图的工作原理介绍如下。

交流电 220V 电源分别经 FU2、FU1 去两个支路。一路经 FU1 去短路器电路，即电路图的左侧。另一路经 FU2、按钮开关 SA1：一为连接时间继电器延时断开的动断触头 KT 与中间继电器线段 KA 串联支路；二为连接桥式整流滤波电路，得到的直流供电提供给时间继电器 KT 线圈。

自动合闸过程。在断路器前端接上电源时，假如电压为正常值，按下断路器储能按钮 SB2，断路器合闸供电。接着把按钮开关 SA1 合上，220V 交流电源经过 VD1—VD4 桥式整流后的电压，一方面对 C_1 电容进行充电操作，另一方面经过 R_1 使时间继电器 KT 线圈得电工作。经时间继电器延时断开的动断触点 KT，使中间继电器线圈 KA 处于断开状态。设置按钮开关 SA1 的目的，是为了防止断路器前端接上电源时，中间继电器 KA 动作使断路器自动合闸。

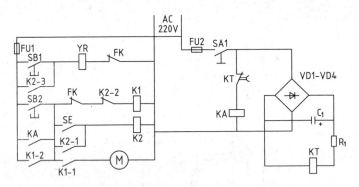

图 9-54 万能式断路器及其自动合闸电路图

9.3.2 设置绘图环境

（1）设置图层。调用 LA "图层特性"命令，调出【图层特性管理器】对话框。

（2）在对话框中分别创建"电气图例""线路结构""注释文字"图层，并分别修改各图层的颜色，如图 9-55 所示。

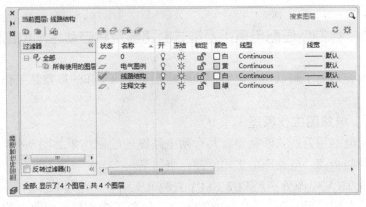

图 9-55 创建图层

（3）参考第 3 章的知识，分别创建文字样式、标注样式。

（4）将"线路结构"图层置为当前图层，即可开始绘制电路图的操作。

9.3.3　绘制线路结构图

（1）执行 REC"矩形"命令，绘制尺寸为 2000×1750 的矩形。

（2）执行 X"分解"命令将矩形分解，接着调用 O"偏移"命令，偏移矩形边如图 9-56 所示。

（3）调用 TR"修剪"命令，修剪矩形边，结果如图 9-57 所示。

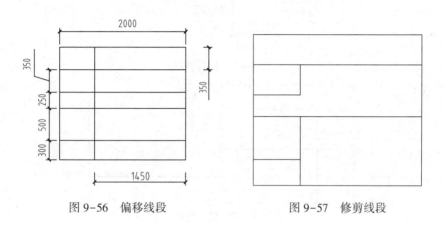

图 9-56　偏移线段　　　　　　　　图 9-57　修剪线段

（4）执行 O"偏移"命令，向内偏移矩形边，如图 9-58 所示。

（5）调用 TR"修剪"命令，修剪线段，结果如图 9-59 所示。

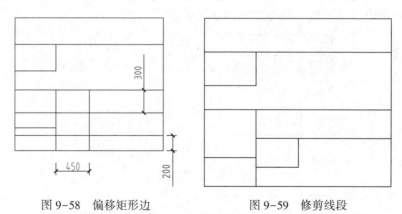

图 9-58　偏移矩形边　　　　　　　图 9-59　修剪线段

（6）调用 O"偏移"命令，偏移如图 9-60 所示的线段。

（7）执行 TR"修剪"命令，对线段执行修剪操作，结果如图 9-61 所示。

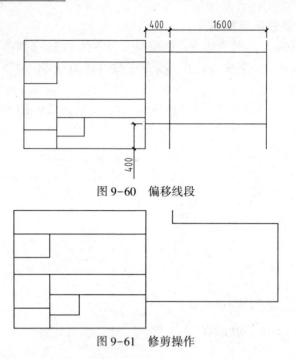

图 9-60　偏移线段

图 9-61　修剪操作

（8）执行 REC"矩形"命令，绘制尺寸为 1000×1000 的矩形，如图 9-62 所示。

（9）调用 L"直线"命令，绘制如图 9-63 所示的线段。

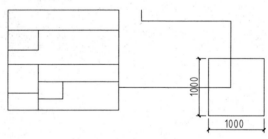

图 9-62　绘制矩形

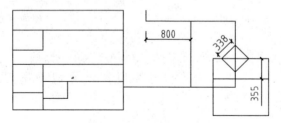

图 9-63　绘制线段

（10）调用 EX"延长"命令，延长线段以完成线路结构图的绘制，结果如图 9-64 所示。

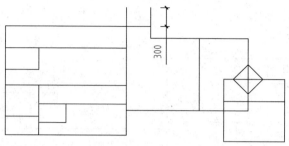

图 9-64　延长线段

9.3.4　在线路结构图中布置图例符号

（1）将"电气图例"图层置为当前图层。

（2）参考前面小节所介绍的方法，执行 L"直线"命令、RO"旋转"命令，为电路图绘制开关、动断触点等图形，如图 9-65 所示。

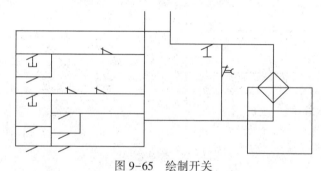

图 9-65　绘制开关

（3）执行 REC"矩形"命令，绘制矩形分别代表熔断器、合闸线圈、中间继电器等图形，如图 9-66 所示。

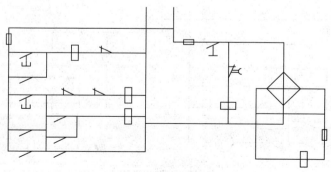

图 9-66　绘制矩形

（4）执行 C "圆" 命令，绘制圆形代表储能电动机，执行 L "直线" 命令，绘制垂直线段来表示电容，如图 9-67 所示。

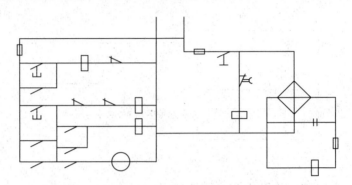

图 9-67　绘制图例

（5）调用 TR "修剪" 命令，修剪线路结构图，如图 9-68 所示。

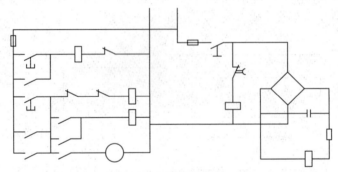

图 9-68　修剪结构图

（6）执行 L "直线" 命令，在棱形线路结构图内绘制整流器符号，在电气结构图中布置电气图例的最终结果如图 9-69 所示。

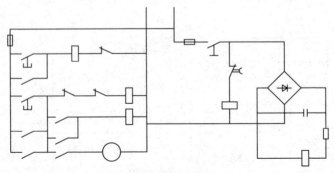

图 9-69　图例布置结果

9.3.5　绘制注释文字

（1）将"注释文字"图层置为当前图层。

（2）调用 MT"多行文字"命令，绘制与电气图例符号相对应的文字代号，标注结果如图 9-70 所示。

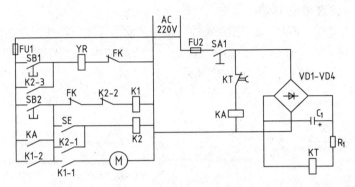

图 9-70　绘制标注文字

9.4　绘制相序保护器式电源相序自动调控保护电路图

本节介绍电源自动调控保护电路的工作原理及其电路图的绘制方法。

9.4.1　电路图工作原理

相序保护器式电源相序自动调控保护电路图的绘制结果如图 9-71 所示，本节介绍其绘制方法。电路工作原理介绍如下。

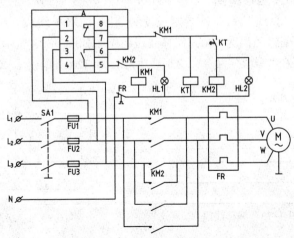

图 9-71　相序保护器式电源相序自动调控保护电路图

接通 SA1 开关后，假如接入的三相电源相序正确时，相序保护器 A 内部的继电器工作，其⑦与⑧脚内的动断触点断开，⑤与⑥脚内的动合触点闭合，从而使 HL1 灯点亮。KM1 交流接触器线圈得电吸合，使其动合触点 KM1 闭合，接触了电动机的三相供电，使得电动机按照正确的方向来运转。

9.4.2 设置绘图环境

（1）设置图层。调用 LA "图层特性" 命令，调出【图层特性管理器】对话框。

（2）在对话框中分别创建 "电气图例" "线路结构" "注释文字" 图层，并分别修改各图层的颜色，如图 9-72 所示。

图 9-72　创建图层

（3）参考第 3 章的知识，分别创建文字样式、标注样式。

（4）将 "线路结构" 图层置为当前图层，即可开始绘制电路图的操作。

9.4.3 绘制线路结构图

（1）执行 L "直线" 命令，绘制长度为 3000 的水平线段，接着调用 O "偏移" 命令，设置偏移距离为 300，偏移线段的结果如图 9-73 所示。

（2）执行 REC "矩形" 命令，绘制尺寸为 1300×1200 的矩形，如图 9-74 所示。

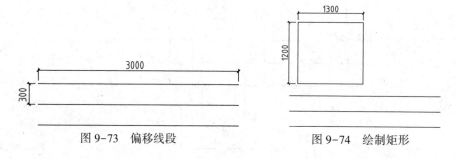

图 9-73　偏移线段　　　　　　　　　　图 9-74　绘制矩形

（3）执行 X "分解" 命令，分解矩形。

（4）调用 O "偏移"命令，选择矩形的水平线段向内偏移，如图 9-75 所示。

（5）选择矩形的垂直线段向内偏移，如图 9-76 所示。

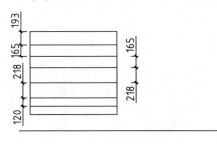

图 9-75　偏移线段

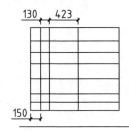

图 9-76　偏移结果

（6）执行 TR "修剪"命令，修剪线段如图 9-77 所示。

（7）调用 L "直线"命令，绘制直线如图 9-78 所示。

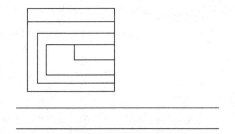

图 9-77　修剪线段

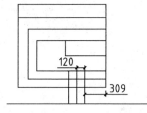

图 9-78　偏移线段

（8）调用 F "圆角"命令，对线段执行圆角修剪操作的结果如图 9-79 所示。

（9）调用 L "直线"命令、O "偏移"命令，绘制并偏移线段，结果如图 9-80 所示。

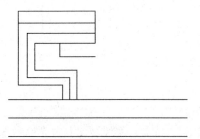

图 9-79　圆角操作

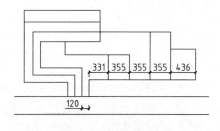

图 9-80　偏移线段

（10）执行 O "偏移" 命令，偏移线段的结果如图 9-81 所示。

（11）调用 EX "延伸" 命令延伸线段，执行 F "圆角" 命令，圆角修剪线段的结果如图 9-82 所示。

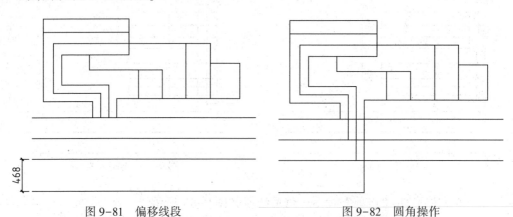

图 9-81　偏移线段　　　　　　　　　　　图 9-82　圆角操作

（12）调用 O "偏移" 命令，偏移线段，如图 9-83 所示。

（13）执行 F "圆角" 命令，设置圆角半径为 0，对线段执行圆角修剪的结果如图 9-84 所示。

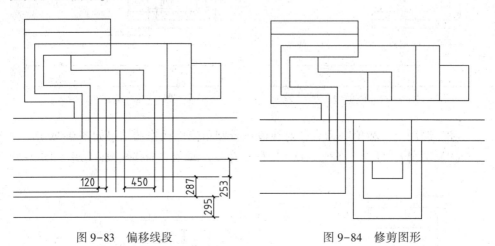

图 9-83　偏移线段　　　　　　　　　　　图 9-84　修剪图形

9.4.4　在线路结构图中布置电气图例

（1）将 "电气图例" 图层置为当前图层。

（2）绘制相序保护器。执行 REC "矩形" 命令，绘制尺寸为 750×650 的矩形。

232

（3）执行 X "分解"命令分解矩形，接着调用 O "偏移"命令，向内偏移矩形边的结果如图 9-85 所示。

（4）调用 M "移动"命令，将图形移动至线路结构图中，如图 9-86 所示。

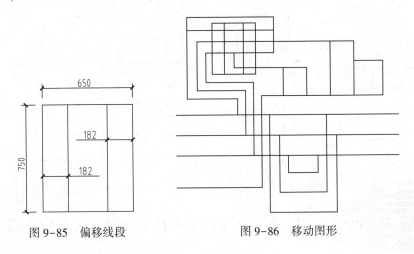

图 9-85　偏移线段

图 9-86　移动图形

（5）调用 L "直线"命令，绘制垂直线段表示导线，如图 9-87 所示。

（6）执行 TR "修剪"命令，修剪图形，结果如图 9-88 所示。

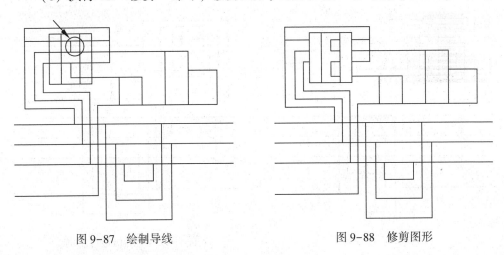

图 9-87　绘制导线

图 9-88　修剪图形

（7）调用 L "直线"命令，在图形内绘制如图 9-89 所示的水平线段。

（8）参考本章所介绍的绘制电气图例的方法，调用 L "直线"命令、RO "旋转"命令、C "圆"命令，绘制开关、动合触点、动断触点等图形，如图 9-90 所示。

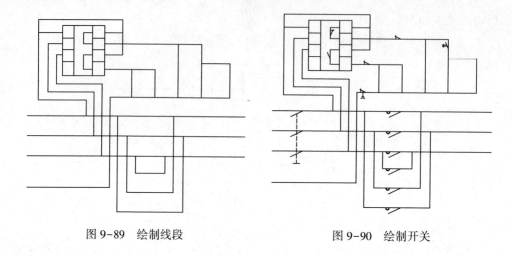

图 9-89　绘制线段　　　　　　　图 9-90　绘制开关

（9）调用 REC"矩形"命令，绘制矩形来表示熔断器、交流接触器等图形，如图 9-91 所示。

（10）执行 C"圆"命令、L"直线"命令、RO"旋转"命令，绘制信号灯图例，如图 9-92 所示。

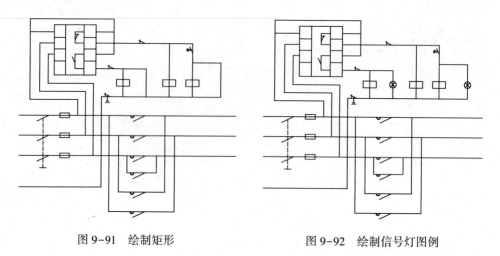

图 9-91　绘制矩形　　　　　　　图 9-92　绘制信号灯图例

（11）执行 REC"矩形"命令、L"直线"命令，绘制延时动作的限流保护器，如图 9-93 所示。

（12）调用 C"圆"命令，绘制半径为 160 的圆形，如图 9-94 所示。

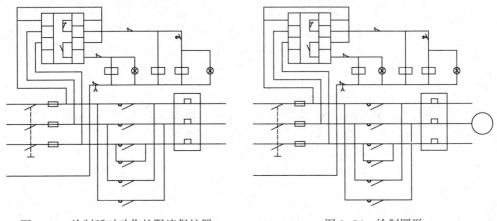

图 9-93 绘制延时动作的限流保护器   图 9-94 绘制圆形

（13）调用 L "直线"命令，分别绘制水平线段与垂直线段，以表示接机壳，如图 9-95 所示。

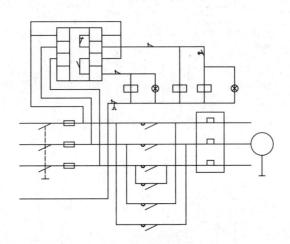

图 9-95 绘制线段

（14）调用 L "直线"命令，绘制斜线来连接电动机图形，如图 9-96 所示。

（15）绘制端子。调用 C "圆"命令，绘制半径为 30 的圆形，接着执行 L "直线"命令，绘制短斜线，图形的绘制结果如图 9-97 所示。

（16）执行 TR "修剪"命令，修剪线路结构图，结果如图 9-98 所示。

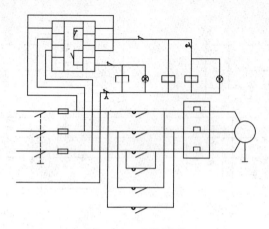

图 9-96　连接图形

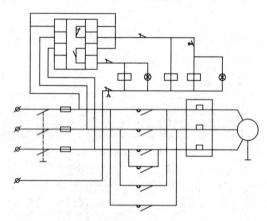

图 9-97　绘制端子

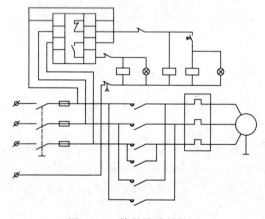

图 9-98　修剪线路结构图

9.4.5 绘制注释文字

(1) 将"注释文字"图层置为当前图层。

(2) 执行 MT "多行文字"命令，绘制字母代号，标注结果如图 9-99 所示。

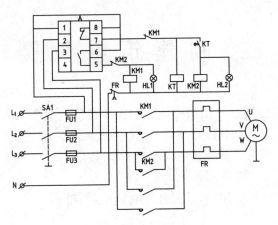

图 9-99 绘制字母代号

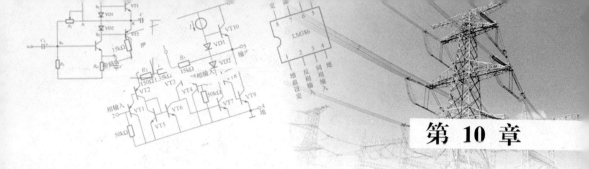

第 10 章

绘制建筑电气图

本章介绍各类建筑电气图的绘制方法，如建筑弱电平面图、建筑照明平面图、防雷平面图、配电系统图以及综合布线系统图等。通过介绍其工作原理及绘制方法，可以帮助读者了解建筑电气的相关知识。

10.1 绘制建筑弱电平面图

本节以某大厦为例，介绍其建筑弱电平面图的绘制方法，其绘制结果如图 10-1所示。读图 10-1 可知，在各房间中分别安装了各种类型的插座，如电视、电话插座以及电信插座，这些插座可以提供卫星信号、网络信号，为人们的

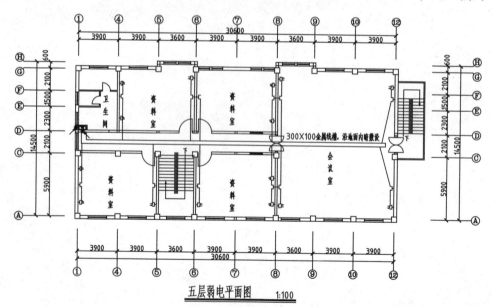

五层弱电平面图   1:100

图 10-1   建筑弱电平面图

工作及生活提供便利。在卫生间的左下角设置了引线、楼层配线架，通过在过道暗装金属线槽，可以把弱电线路连接起来，以方便统一管理。

10.1.1 设置绘图环境

（1）设置图层。调用 LA "图层特性"命令，调出【图层特性管理器】对话框。

（2）在对话框中分别创建 "电气图例""线路结构""注释文字"图层，并分别修改各图层的颜色，如图 10-2 所示。

图 10-2　创建图层

（3）参考第 3 章的知识，分别创建文字样式、标注样式。

10.1.2 布置电气图例

（1）调用建筑平面图。打开配套光盘提供的 "五层建筑平面图.dwg"文件，如图 10-3 所示。

（2）将 "电气图例"图层置为当前图层。

（3）调入电视、电话插座。打开配套光盘提供的 "图例文件.dwg"文件，将其中的电视、电话插座图例复制粘贴至弱电平面图中，如图 10-4 所示。

（4）调入电信插座。沿用上述的操作方法，调入电信插座的结果如图 10-5 所示。

（5）调入引线、楼层配线架图例。在 "图例文件.dwg"文件中选择引线与配线架图例，按下 Ctrl＋C、Ctrl＋V 组合键，将其复制粘贴至平面图中，如图 10-6所示。

（6）绘制金属线槽。执行 PL "多段线"命令，绘制宽度为 350 的线槽，如图 10-7 所示。

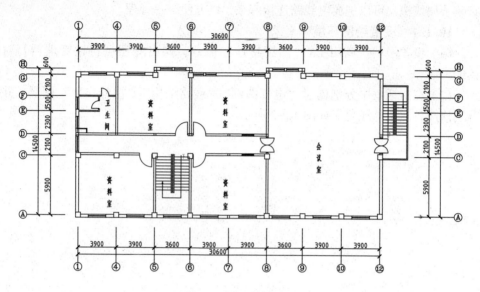

图 10-3　调用建筑平面图

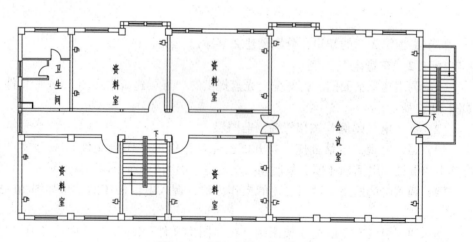

图 10-4　调入电视、电话插座

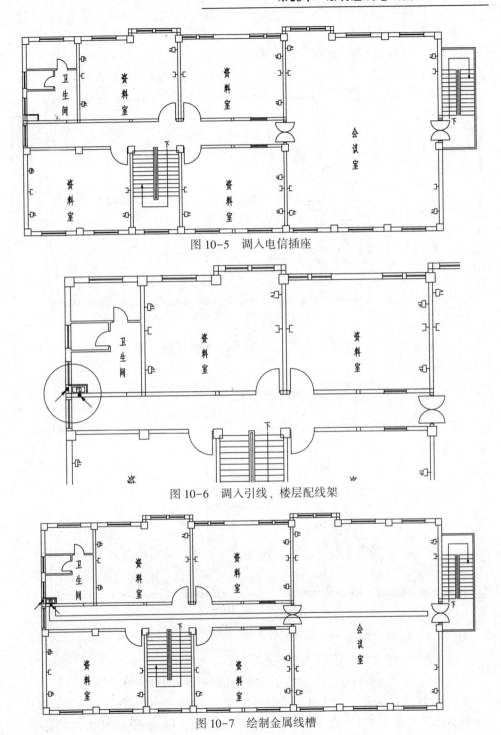

图 10-5 调入电信插座

图 10-6 调入引线、楼层配线架

图 10-7 绘制金属线槽

10.1.3 绘制线路

（1）将"线路结构"图层置为当前图层。

（2）执行 L"直线"命令，绘制插座之间的连接线路，结果如图 10-8 所示。

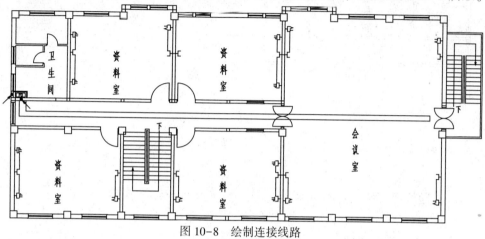

图 10-8 绘制连接线路

（3）重复调用 L"直线"命令，绘制线段连接线槽与插座，结果如图 10-9 所示。

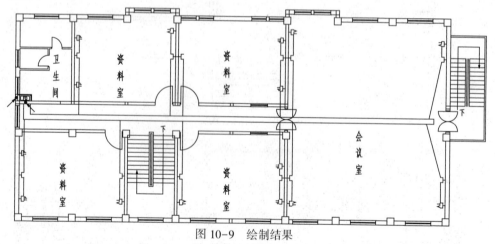

图 10-9 绘制结果

10.1.4 绘制注释文字

（1）将"注释文字"图层置为当前图层。

（2）调用 MT"多行文字"命令，绘制标注文字如图 10-10 所示。

（3）绘制图名标注。调用 PL"多段线"命令、L"直线"命令，绘制下划线，接着使用 MT"多行文字"命令，绘制图名以及比例标注，结果如图 10-11 所示。

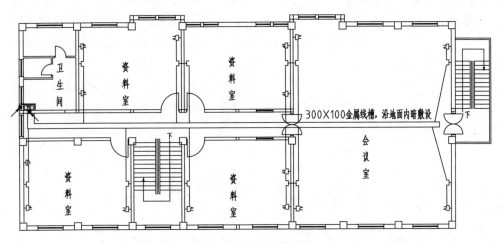

图 10-10　绘制标注文字

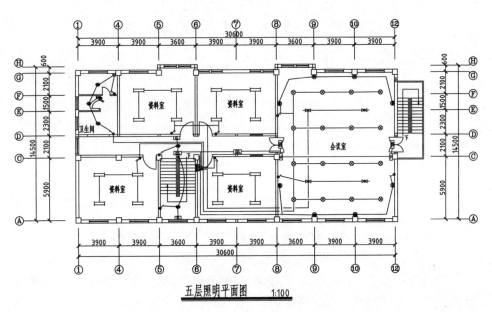

五层照明平面图　　1:100

图 10-11　建筑照明平面图

10.2　绘制建筑照明平面图

本节介绍建筑照明平面图的绘制步骤，如图 10-11 所示。读图 10-11 可知，在四个资料室中分别安装了双管荧光灯，每个房间荧光灯的数量为四。在卫生间中安装了吸顶灯及排气扇，其中排气扇用来换气，以保持卫生间通风。在过道安装了吸顶灯以及安全照明指示灯，其中安全照明指示灯可以在火灾或者其他突发状况下提供照明。

在会议室里安装了吊灯、吊扇以及壁灯，因为会议室需要容纳较多的人，有较大的人流量，灯具的种类多样化可以提供不同类型的照明。

10.2.1　设置绘图环境

（1）设置图层。调用 LA "图层特性" 命令，调出【图层特性管理器】对话框。

（2）在对话框中分别创建 "电气图例" "线路结构" "注释文字" 图层，并分别修改各图层的颜色，如图 10-12 所示。

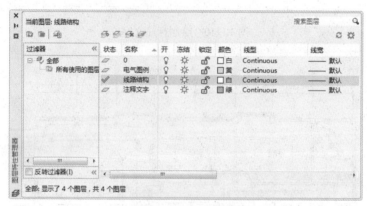

图 10-12　创建图层

（3）参考第 3 章的知识，分别创建文字样式、标注样式。

10.2.2　布置电气图例

（1）调用建筑平面图。打开配套光盘提供的 "五层建筑平面图 . dwg" 文件。

（2）将 "电气图例" 图层置为当前图层。

（3）布置双管荧光灯图例。打开配套光盘提供的 "图例文件 . dwg" 文件，将其中的荧光灯图例复制粘贴至平面图中，如图 10-13 所示。

（4）布置吊灯。从 "图例文件 . dwg" 文件中选择吊灯图例，将其复制粘贴至当前平面图中，如图 10-14 所示。

（5）布置调速式吊扇。在 "图例文件 . dwg" 文件中选择吊扇图例，将其复制粘贴至右侧的会议室中，结果如图 10-15 所示。

（6）布置吸顶灯。将 "图例文件 . dwg" 文件中的吸顶灯图例复制粘贴至卫生间、过道及楼梯间，结果如图 10-16 所示。

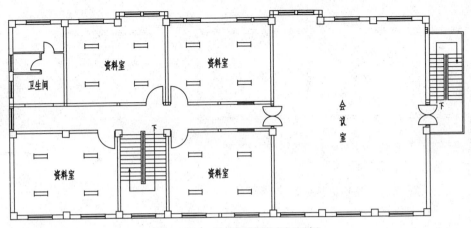

图 10-13　布置双管荧光灯图例

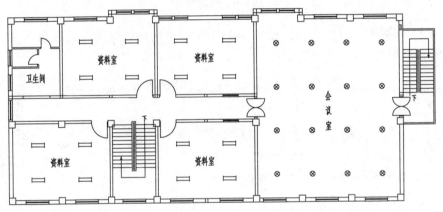

图 10-14　布置吊灯

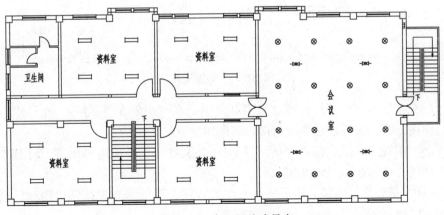

图 10-15　布置调速式吊扇

245

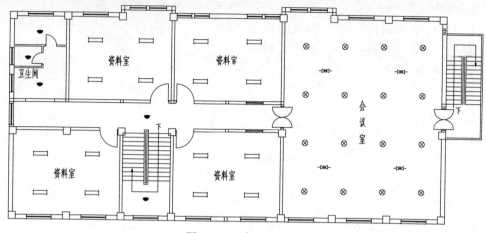

图 10-16　布置吸顶灯

（7）布置壁灯。在"图例文件.dwg"文件中选择壁灯图例，在会议室中布置壁灯的结果如图 10-17 所示。

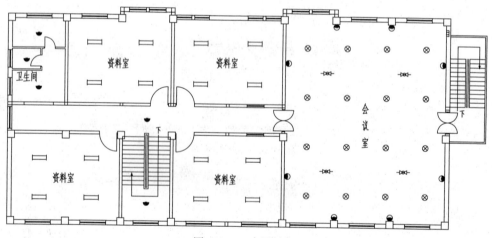

图 10-17　布置壁灯

（8）布置出口指示灯、应急照明灯图例。在"图例文件.dwg"文件中选择灯具图例，将其布置在过道及出口的结果如图 10-18 所示。

（9）布置配电箱。在"图例文件.dwg"文件中选择配电箱图例，将其布置在楼梯间，结果如图 10-19 所示。

（10）布置排气扇。沿用上述所介绍的方法在卫生间布置排气扇图例，结果如图 10-20 所示。

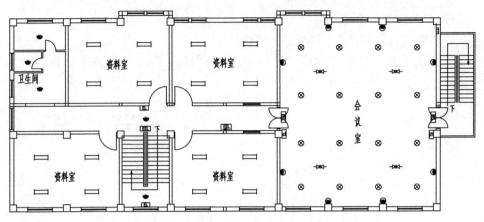

图 10-18　布置出口指示灯、应急照明灯图例

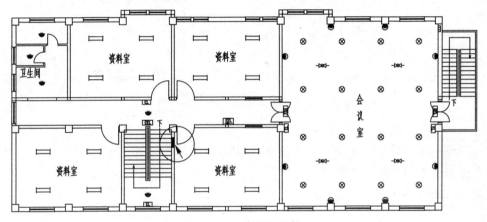

图 10-19　布置配电箱

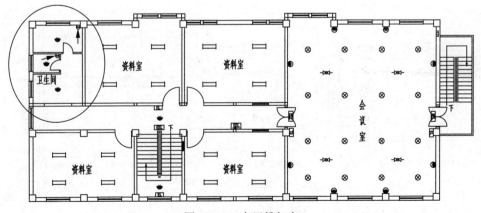

图 10-20　布置排气扇

247

10.2.3 绘制线路结构

（1）将"线路结构"图层置为当前图层。

（2）执行 L "直线"命令，绘制灯具之间的连接线路，结果如图 10-21 所示。

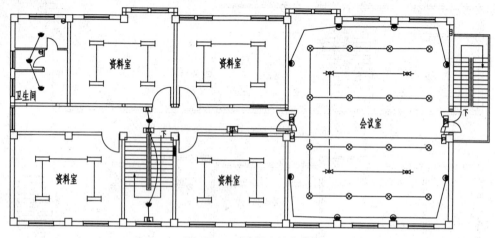

图 10-21 绘制连接线路

（3）将"电气图例"图层置为当前图层。

（4）布置开关图例。从"图例文件.dwg"文件中选择单极开关、双极开关等图例，将其布置在各房间，操作结果如图 10-22 所示。

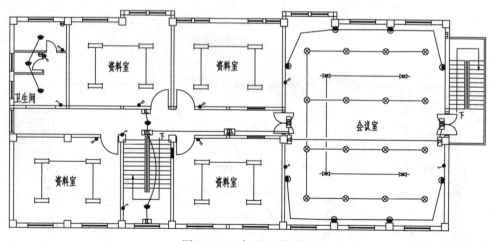

图 10-22 布置开关图例

（5）将"线路结构"图层置为当前图层。

（6）执行 L"直线"命令，绘制线路连接开关与灯具，结果如图 10-23 所示。

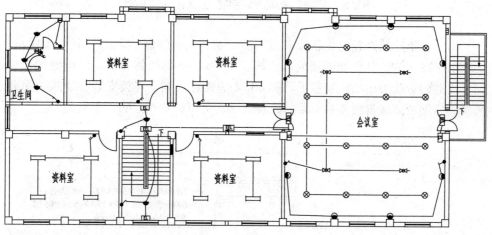

图 10-23　连接开关与灯具

（7）重复调用 L"直线"命令，绘制直线连接配电箱与各照明线路，如图 10-24 所示。

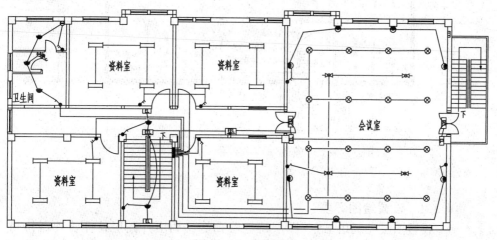

图 10-24　绘制线路

10.2.4　绘制注释文字

（1）将"注释文字"图层置为当前图层。

（2）绘制图名标注。调用 PL"多段线"命令、L"直线"命令，绘制下划线，接着使用 MT"多行文字"命令，绘制图名及比例标注，结果如图 10-11 所示。

10.3 绘制建筑总等电位联接平面图

本节介绍建筑总等电位联接平面图的绘制方法，绘制结果如图 10-25 所示。读图 10-25 可知，建筑物四周的墙体被安装了 40×4 的镀锌扁钢。经南侧的楼梯间、北侧的劳动力市场，安装了另一 40×4 的镀锌扁钢，连接安装在建筑物南北两侧的扁钢带。通过阅读右上角的注释文字，可以得知相关的工程概况。

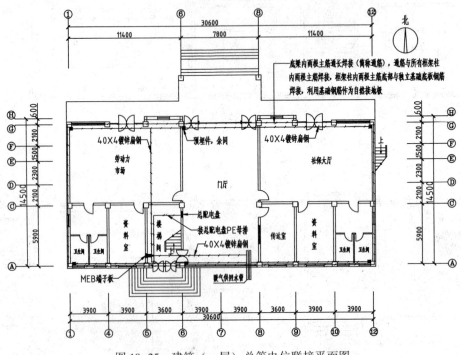

图 10-25 建筑（一层）总等电位联接平面图

10.3.1 设置绘图环境

（1）设置图层。调用 LA "图层特性"命令，调出【图层特性管理器】对话框。

（2）在对话框中分别创建"电气图例""线路结构""注释文字"图层，并分别修改各图层的颜色，如图 10-26 所示。

（3）参考第 3 章的知识，分别创建文字样式、标注样式。

10.3.2 绘制电气图例

（1）调用建筑平面图。打开配套光盘提供的"一层建筑平面图.dwg"文件，

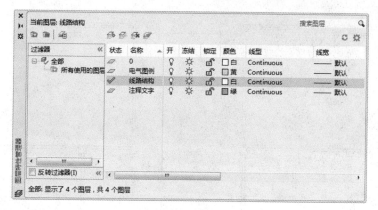

图 10-26　创建图层

如图 10-27 所示。

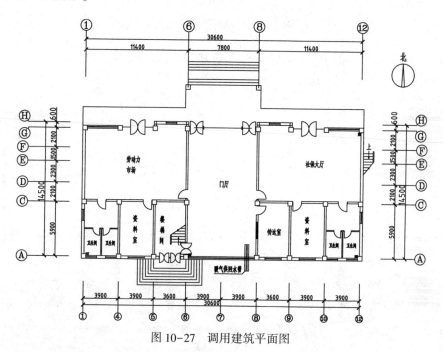

图 10-27　调用建筑平面图

（2）将"电气图例"图层置为当前图层。

（3）绘制预埋件图例。执行 REC"矩形"命令，绘制尺寸为 300×300 的矩形，接着调用 H"图案填充"命令，选择 SOLID 图案，对矩形执行填充操作，绘制图例的结果如图 10-28 所示。

（4）绘制 MEB 端子板与总配电盘。分别执行 REC"矩形"命令、H"图案

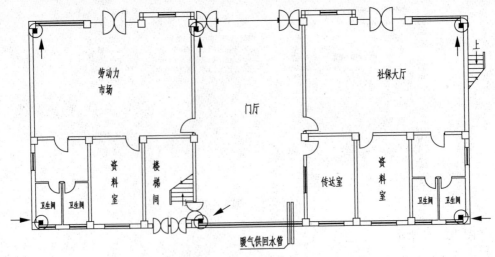

图 10-28　绘制预埋件图例

填充"命令，分别绘制尺寸为 180×400、180×600 的矩形，并对其执行填充操作，结果如图 10-29 所示。

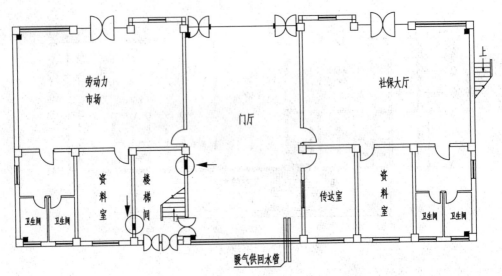

图 10-29　绘制 MEB 端子板与总配电盘

（5）将"线路结构"图层置为当前图层。

（6）绘制镀锌扁钢。调用 O "偏移"命令，设置偏移距离为 200，选择墙线向内偏移，接着调用 TR "修剪"命令修剪线段，操作结果如图 10-30 所示。

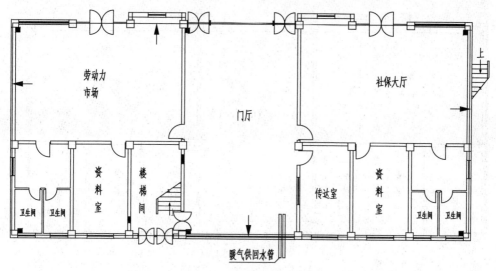

图 10-30 绘制镀锌扁钢

（7）执行 O "偏移" 命令，设置偏移距离为 442，选择上方的扁钢轮廓线向下偏移，设置偏移距离为 280，选择下方的扁钢轮廓线向上偏移，如图 10-31 所示。

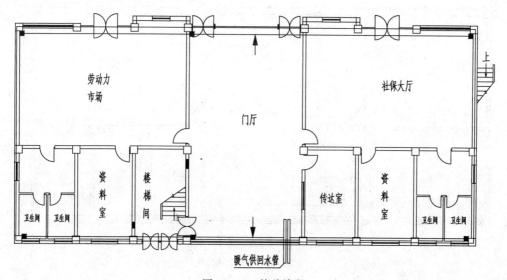

图 10-31 偏移线段

（8）执行 L "直线" 命令，绘制线段连接总配电盘图例、MEB 端子板图例与镀锌扁钢，如图 10-32 所示。

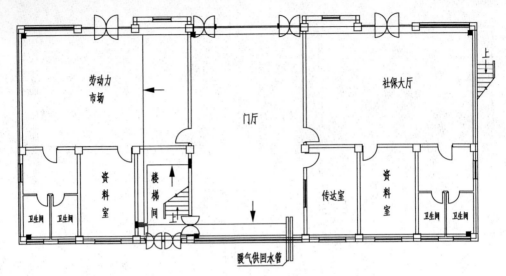

图 10-32　绘制线段

　　(9) 调用 L "直线" 命令，在镀锌扁钢轮廓线上绘制短斜线，结果如图 10-33所示。

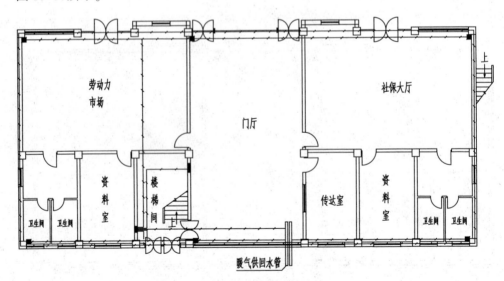

图 10-33　绘制短斜线

10.3.3　绘制注释文字

(1) 将 "注释文字" 图层置为当前图层。

(2) 执行 MLD "多重引线" 命令，绘制引线标注如图 10-34 所示。

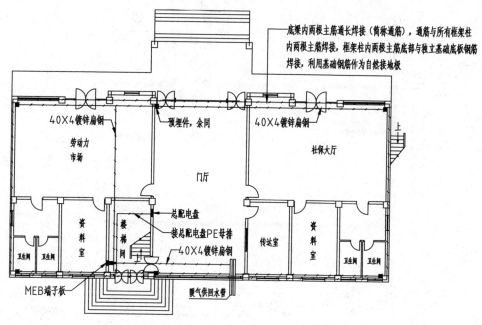

图 10-34　绘制引线标注

（3）绘制图名标注。调用 PL"多段线"命令、L"直线"命令，绘制下划线，接着使用 MT"多行文字"命令，绘制图名及比例标注，结果如图 10-25 所示。

10.4　绘制屋顶防雷平面图

本节介绍屋顶防雷平面图的绘制方法，如图 10-35 所示为绘制结果。读图可知，建筑物四周安装了镀锌圆钢避雷网，通过在屋顶中间安装镀锌圆钢并与避雷网连接，可以分担避雷网的压力，提高防雷指数。在镀锌圆钢的连接点分别安装引下线，以将雷电电流引入地下。

10.4.1　设置绘图环境

（1）设置图层。调用 LA"图层特性"命令，调出【图层特性管理器】对话框。

（2）在对话框中分别创建"电气图例""线路结构""注释文字"图层，并分别修改各图层的颜色，如图 10-36 所示。

（3）参考第 3 章的知识，分别创建文字样式、标注样式。

255

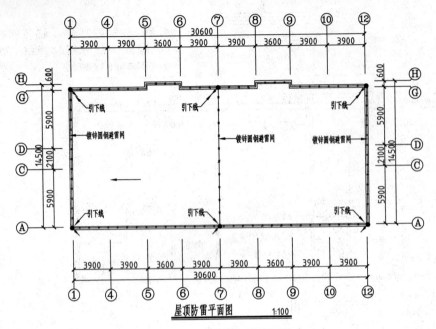

图 10-35　屋顶防雷平面图

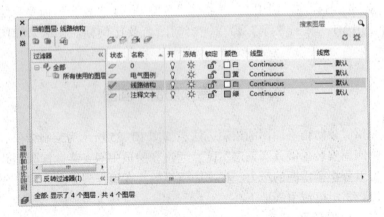

图 10-36　创建图层

10.4.2　绘制电气图例

（1）调用建筑平面图。打开配套光盘提供的"屋顶建筑平面图.dwg"文件，如图 10-37 所示。

（2）将"线路结构"图层置为当前图层。

（3）绘制镀锌圆钢。执行 O"偏移"命令，设置偏移距离为 150，选择墙体

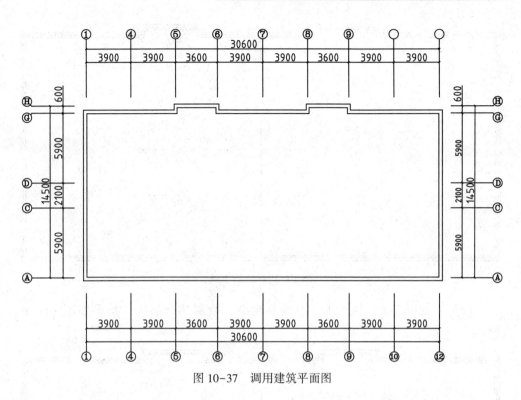

图 10-37 调用建筑平面图

轮廓线向内偏移，结果如图 10-38 所示。

图 10-38 向内偏移轮廓线

（4）执行 L "直线" 命令，绘制如图 10-39 所示的线段。

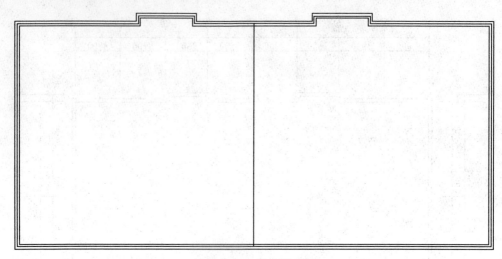

图 10-39　绘制线段

（5）绘制接闪卡。执行 L "直线" 命令，绘制相交斜线，结果如图 10-40 所示。

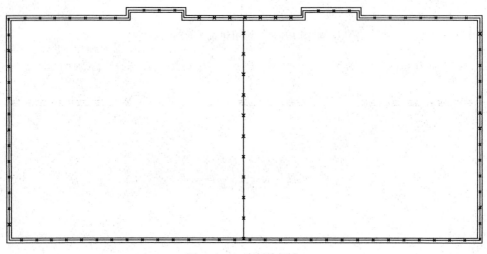

图 10-40　绘制接闪卡

（6）将 "电气图例" 图层置为当前图层。

（7）调入引下线图例。从 "图例文件 . dwg" 文件中选择引下线图例，将其布置在平面图中，操作结果如图 10-41 所示。

10. 4. 3　绘制注释文字

（1）将 "注释文字" 图层置为当前图层。

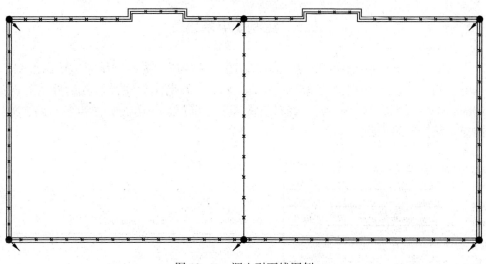

图 10-41　调入引下线图例

（2）执行 MLD "多重引线"命令，分别指定引线箭头的位置以及引线基线的位置，绘制引线标注的结果如图 10-42 所示。

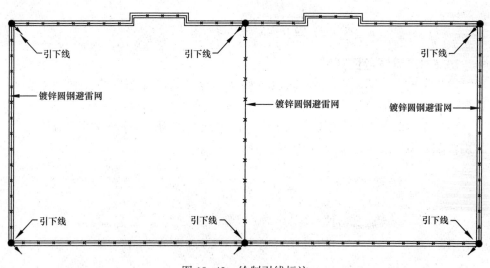

图 10-42　绘制引线标注

（3）绘制图名标注。调用 PL "多段线"命令、L "直线"命令，绘制下划线，接着使用 MT "多行文字"命令，绘制图名及比例标注，结果如图 10-35 所示。

10.5　绘制配电系统图

本节介绍配电系统图的绘制方法，如图 10-43 所示为绘制结果。读图可知，总电源的导线为 5 根截面为 35mm² （即 5×35） 的绝缘导线，引入后穿直径为 50mm 的焊接钢管（即 SC50），经过电能表、电路器，将电源输送至各支路，如插座支路、照明支路。

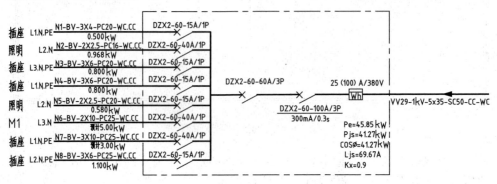

配电系统图

图 10-43　配电系统图

10.5.1　设置绘图环境

（1）设置图层。调用 LA "图层特性" 命令，调出【图层特性管理器】对话框。

（2）在对话框中分别创建 "电气图例" "线路结构" "注释文字" 图层，并分别修改各图层的颜色，如图 10-44 所示。

图 10-44　创建图层

（3）参考第 3 章的知识，分别创建文字样式、标注样式。

10.5.2 绘制系统图图形

（1）将"线路结构"图层置为当前图层。

（2）绘制线路。执行 PL"多段线"命令，设置线宽为 50，绘制长度为 11790，间距为 1310 的水平线段，结果如图 10-45 所示。

（3）再次调用 PL"多段线"命令，绘制垂直线段来连接水平线段，结果如图 10-46 所示。

图 10-45 绘制水平线段　　　　　　　　　图 10-46 绘制垂直线段

（4）使用 PL"多段线"命令，绘制进电线路，结果如图 10-47 所示。

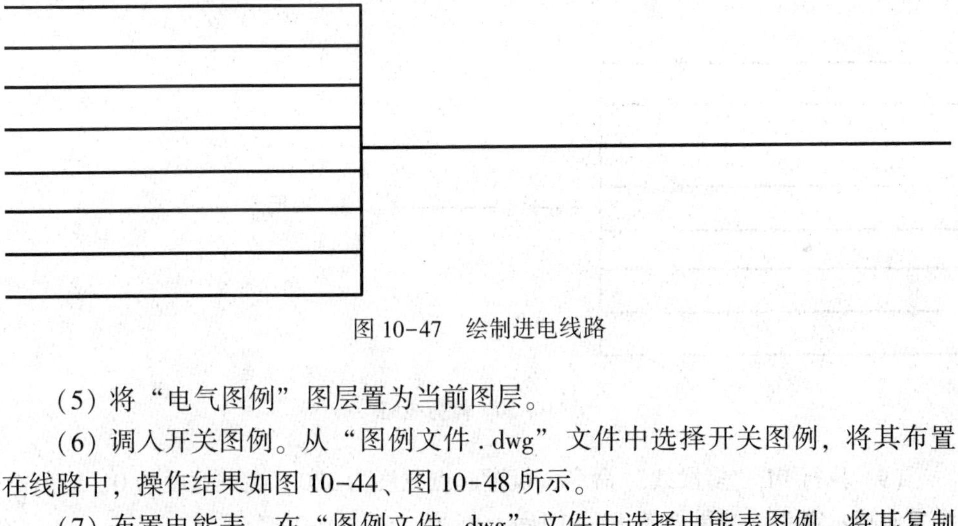

图 10-47 绘制进电线路

（5）将"电气图例"图层置为当前图层。

（6）调入开关图例。从"图例文件.dwg"文件中选择开关图例，将其布置在线路中，操作结果如图 10-44、图 10-48 所示。

（7）布置电能表。在"图例文件.dwg"文件中选择电能表图例，将其复制粘贴至系统图中，如图 10-49 所示。

（8）调用 TR"修剪"命令，修剪线路，结果如图 10-50 所示。

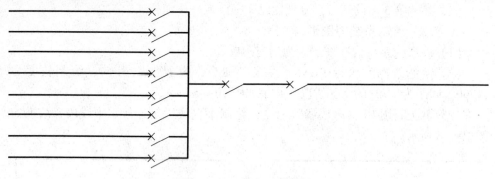

图 10-48　调入开关图例

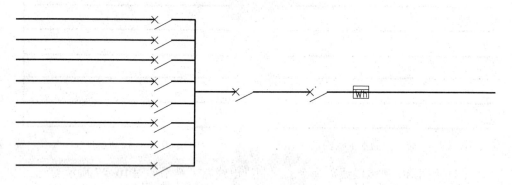

图 10-49　布置电能表

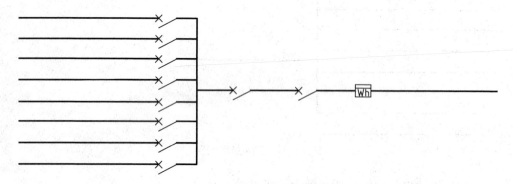

图 10-50　修剪线路

（9）执行 PL"多段线"命令，设置起点宽度为 300，端点宽度为 0，绘制电流方向指示箭头，结果如图 10-51 所示。

10.5.3　绘制注释文字

（1）将"注释文字"图层置为当前图层。

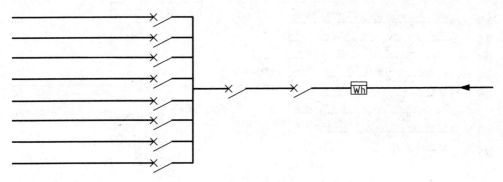

图 10-51　绘制电流方向指示箭头

（2）执行 MT "多行文字" 命令，标注电气设备型号，结果如图 10-52 所示。

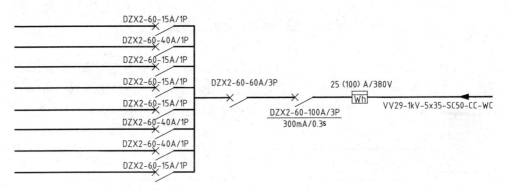

图 10-52　标注电气设备型号

（3）重复执行 MT "多行文字" 命令，标注线路信息，如图 10-53 所示。

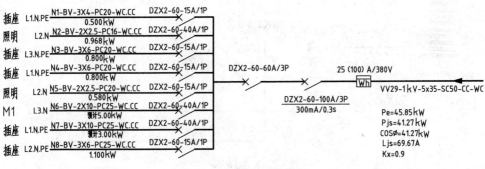

图 10-53　标注线路信息

（4）执行 REC "矩形" 命令，绘制如图 10-54 所示的虚线框。

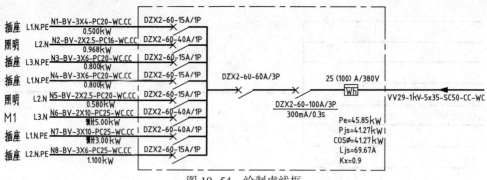

图 10-54　绘制虚线框

（5）绘制图名标注。调用 PL"多段线"命令、L"直线"命令，绘制下划线，接着使用 MT"多行文字"命令，绘制图名以及比例标注，结果如图 10-43 所示。

10.6　绘制有线电视系统图

本节介绍有线电视系统图的绘制方法，如图 10-55 所示为绘制结果。读图可知，外部的信号导线经电涌保护器后到可寻址编码集线器，再经集线器，将信号分别输送至各楼层，再经分支线路，将信号输送至各家各户中。

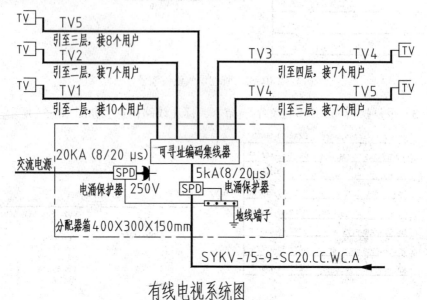

图 10-55　有线电视系统图

10.6.1 设置绘图环境

（1）设置图层。调用 LA "图层特性"命令，调出【图层特性管理器】对话框。

（2）在对话框中分别创建"电气图例""线路结构""注释文字"图层，并分别修改各图层的颜色，如图 10-56 所示。

（3）参考第 3 章的知识，分别创建文字样式、标注样式。

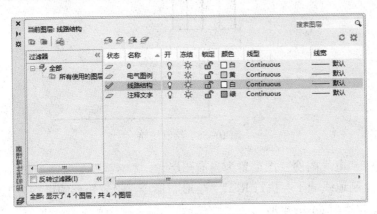

图 10-56 创建图层

10.6.2 绘制系统图图形

（1）将"电气图例"图层置为当前图层。

（2）绘制可寻址编码集线器。执行 REC "矩形"命令，绘制尺寸为 3200×860 的矩形。

（3）绘制电涌保护器。通过调用 REC "矩形"命令，设置矩形的尺寸为 460×850，绘制结果如图 10-57 所示。

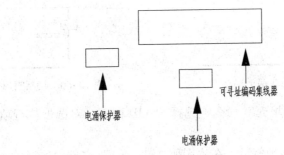

图 10-57 绘制结果

（4）将"线路结构"图层置为当前图层。

（5）执行 PL "多段线"命令，设置线宽为 40，绘制如图 10-58 所示的线路。

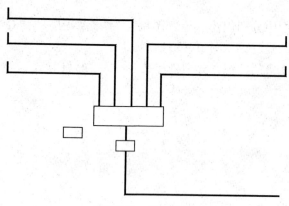

图 10-58　绘制线路

（6）将"电气图例"图层置为当前图层。

（7）绘制地线端子。执行 REC "矩形"命令，设置矩形的尺寸为 1200×180，绘制如图 10-59 所示的矩形。

（8）执行 C "圆"命令，设置圆半径为 36，在矩形内绘制圆形如图 10-60 所示。

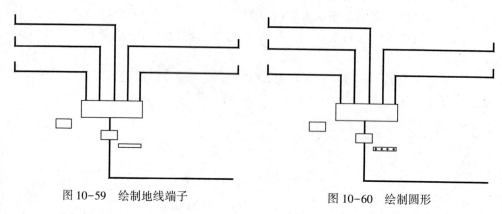

图 10-59　绘制地线端子　　　　　　　　图 10-60　绘制圆形

（9）调用 H "图案填充"命令，选择 SOLID 图案，对圆形执行填充操作的结果如图 10-61 所示。

（10）布置插座、接地符号。在"图例文件 . dwg"文件中选择插座、接地符号图例，将其复制粘贴至系统图中，如图 10-62 所示。

（11）调用 REC "矩形"命令，绘制如图 10-63 所示的虚线矩形。

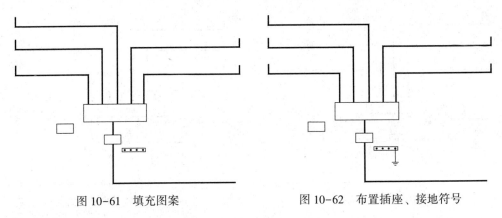

图 10-61 填充图案　　　　　　　　图 10-62 布置插座、接地符号

（12）执行 L "直线" 命令，绘制线段连接电涌保护器及地线端子，如图 10-64所示。

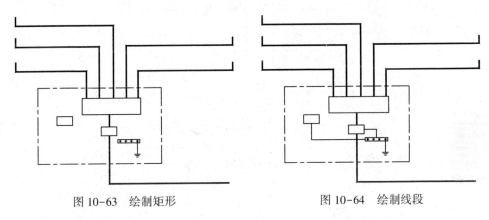

图 10-63 绘制矩形　　　　　　　　图 10-64 绘制线段

（13）将 "线路结构" 图层置为当前图层。

（14）执行 PL "多段线" 命令，绘制宽度为 40 的线段来连接电涌保护器与插座，如图 10-65 所示。

（15）将 "电气图例" 图层置为当前图层。

（16）布置电视插座符号。在 "图例文件.dwg" 文件中选择电视插座符号，将其复制粘贴至系统图中，如图 10-66 所示。

（17）执行 PL "多段线" 命令，设置起点宽度为 200，端点宽度为 0，绘制如图 10-67 所示的电流方向指示箭头。

10.6.3 绘制注释文字

（1）将 "注释文字" 图层置为当前图层。

（2）执行 MT "多行文字" 命令，为系统图绘制标注文字，结果如图 10-68 所示。

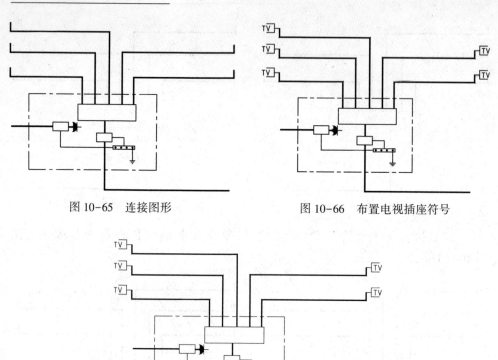

图 10-65　连接图形

图 10-66　布置电视插座符号

图 10-67　绘制指示箭头

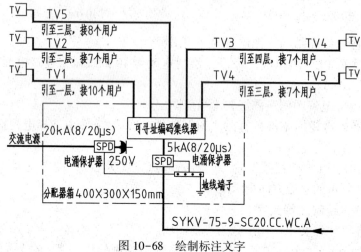

TV5
引至三层，接8个用户
TV2
引至二层，接7个用户
TV1
引至一层，接10个用户

TV3　　　　TV4
引至四层，接7个用户
TV4　　　　TV5
引至三层，接7个用户

可寻址编码集线器

20kA(8/20μs)
交流电源
SPD
电涌保护器　250V

5kA(8/20μs)
SPD
电涌保护器
地线端子

分配器箱400×300×150mm

SYKV-75-9-SC20.CC.WC.A

图 10-68　绘制标注文字

（3）重复执行上述操作，绘制如图 10-69 所示的注释文字。

注:
TV1=SYKV-75-9-PVC20.WC（CC）.A
TV2=SYKV-75-9-PVC20.WC（CC）.A
TV3=SYKV-75-9-PVC20.WC（CC）.A
TV4=SYKV-75-9-PVC20.WC（CC）.A
TV5=SYKV-75-9-PVC20.WC（CC）.A
T1=SYKV-75-7-PVC20.WC（CC）.A

图 10-69 创建结果

（4）绘制图名标注。调用 PL "多段线"命令、L "直线"命令，绘制下划线，接着使用 MT "多行文字"命令，绘制图名及比例标注，结果如图 10-55 所示。

10.7 绘制综合布线系统图

本节介绍综合布线系统图的绘制方法，如图 10-70 所示为绘制结果。读图可知，引自市电信局的外线电缆经主配线架、电涌保护器后，将信号输送至各楼层的语音设备以及数据设备，供用户使用。

10.7.1 设置绘图环境

（1）设置图层。调用 LA "图层特性"命令，调出【图层特性管理器】对话框。

（2）在对话框中分别创建"电气图例""线路结构""注释文字"图层，并分别修改各图层的颜色，如图 10-71 所示。

（3）参考第 3 章的知识，分别创建文字样式、标注样式。

10.7.2 绘制系统图图形

（1）将"线路结构"图层置为当前图层。

（2）执行 PL "多段线"命令，输入 W 选择"宽度"选项，设置线宽为 50，绘制如图 10-72 所示的线路结构。

（3）执行 F "圆角"命令，输入 R 选择"半径"选项，设置圆角半径为 785，对线路结构执行圆角操作的结果如图 10-73 所示。

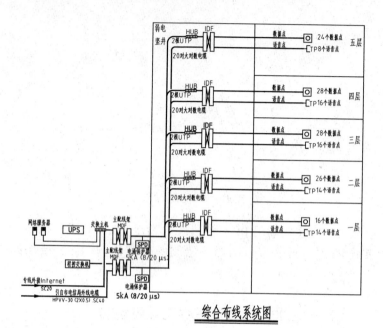

图 10-70　综合布线系统图

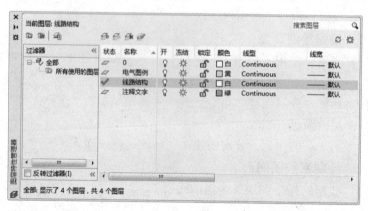

图 10-71　创建图层

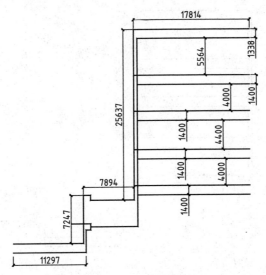

图 10-72　绘制线路结构

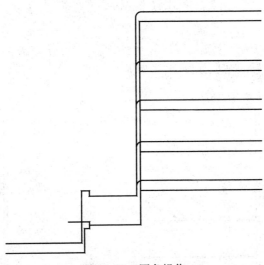

图 10-73　圆角操作

（4）重复执行 F "圆角" 命令，修改圆角半径为 431，圆角修剪线路的结果如图 10-74 所示。

（5）将 "电气图例" 图层置为当前图层。

（6）布置配线架符号。在 "图例文件.dwg" 文件中选择配线架符号，在系统图中布置符号的结果如图 10-75 所示。

271

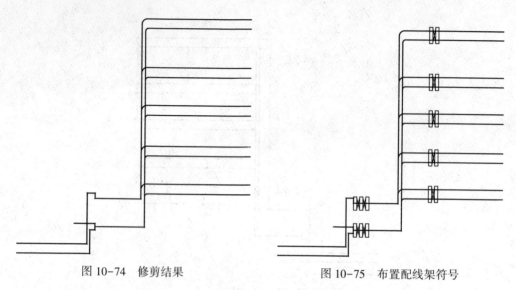

图 10-74　修剪结果　　　　　　　　图 10-75　布置配线架符号

（7）布置交换机符号。从"图例文件.dwg"文件中选择交换机符号，按下 Ctrl+C、Ctrl+V 组合键，将其复制粘贴至当前视图中，结果如图 10-76 所示。

（8）布置电话插座、数据点符号。沿用上述的操作方法，在系统图中布置电话插座、数据点符号的结果如图 10-77 所示。

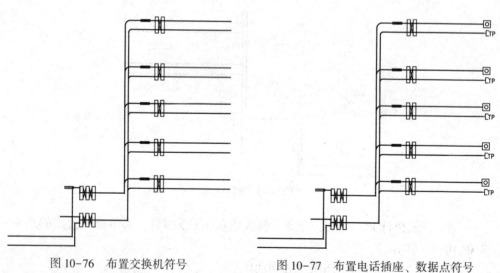

图 10-76　布置交换机符号　　　　图 10-77　布置电话插座、数据点符号

（9）布置网络服务器符号。按下 Ctrl+C 组合键，在"图例文件.dwg"文件中选择网络服务器符号，按下 Ctrl+V 组合键，在系统图中布置符号的结果如

图 10-78 所示。

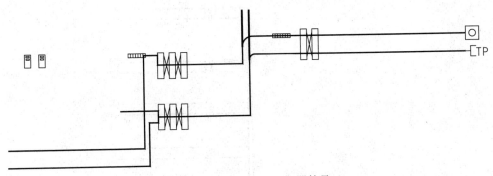

图 10-78 布置网络服务器符号

（10）绘制程控交换机以及电涌保护器。执行 REC"矩形"命令，分别绘制尺寸为 3230×1000、1850×930 的矩形，结果如图 10-79 所示。

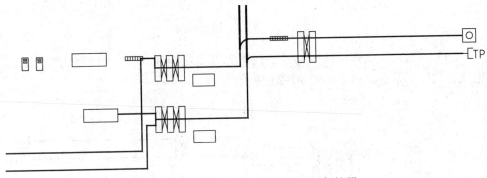

图 10-79 绘制程控交换机以及电涌保护器

（11）执行 L"直线"命令，绘制线段连接图形，结果如图 10-80 所示。

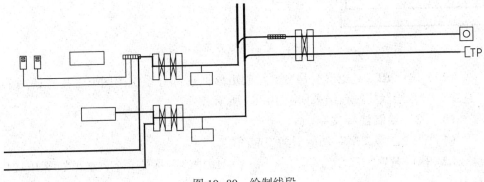

图 10-80 绘制线段

（12）执行 TR "修剪" 命令，修剪线路结构图，结果如图 10-81 所示。

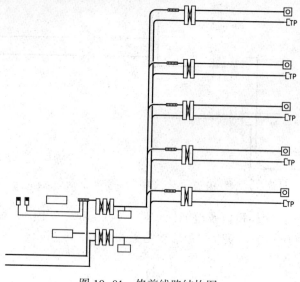

图 10-81　修剪线路结构图

（13）执行 PL "多段线" 命令，设置起点宽度为 300，端点宽度为 0，绘制电流方向指示箭头，结果如图 10-82 所示。

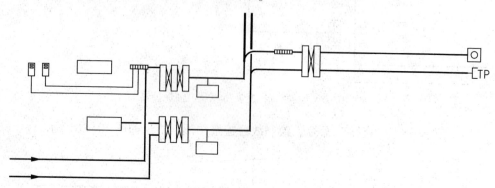

图 10-82　绘制电流方向指示箭头

（14）执行 REC "矩形" 命令，绘制矩形框选部分系统图图形，接着调用 L "直线" 命令绘制线段，结果如图 10-83 所示。

10.7.3　绘制注释文字

（1）将 "注释文字" 图层置为当前图层。

（2）执行 MT "多行文字" 命令，在系统图中绘制标注文字，结果如图 10-84 所示。

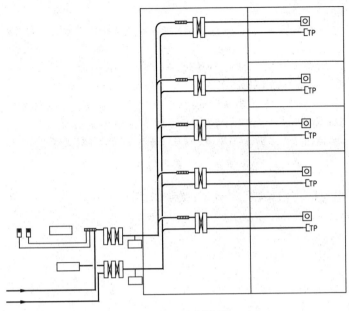

图 10-83　绘制结果

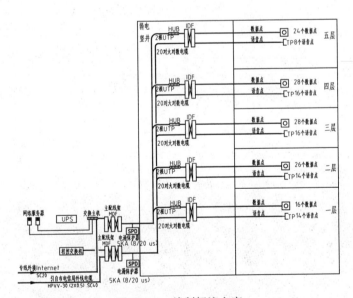

图 10-84　绘制标注文字

（3）重复执行上述操作，绘制如图 10-85 所示的说明文字。

（4）绘制图名标注。调用 PL"多段线"命令、L"直线"命令，绘制下划

说明:

1.综合布线系统为语音（内、外电话系统）、数据(计算机网络)。语音水平布线采用3类UTP双绞线，数据系统均采用5类UTP双绞线。

2.电话电缆引自市电信局，引入方式为电缆埋地。高速宽带接入Internet，可使用电信的ADSL或者其他方式，引入方式为电缆麦迪引入。

3.服务器、UPS、各层集线器等设备由供应商成套供应，交换主机、服务器UPS安装于控制室。各层配线设备安装在各层弱电井内。系统垂直布线以弱电井弱电桥架为主。

4.设备选型由专业公司与当地电信部门确定，机房及竖井设备外壳接地，要求接地电阻小于1Ω。

图 10-85　绘制说明文字

线，接着使用 MT "多行文字" 命令，绘制图名以及比例标注，结果如图 10-70 所示。

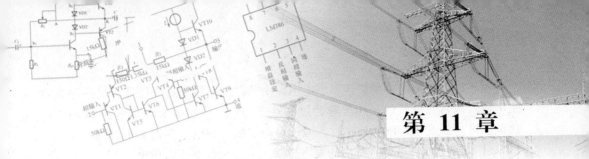

第 11 章

绘制建筑电气设备控制工程图纸

本章介绍建筑电气设备控制工程图纸的绘制，包括双电源自动切换电路、消防泵控制电路、排烟风机控制电路等。通过学习电路的工作原理及电路图的绘制方法，可以帮助读者了解建筑电气设备控制工程的相关知识。

11.1　绘制双电源自动切换电路图

本节介绍双电源自动切换电路的工作原理及其电路图的绘制方法。

11.1.1　电路工作原理

如图 11-1 所示为双电源自动切换电路图的绘制结果，本节介绍其绘制步骤。电路的工作原理介绍如下。

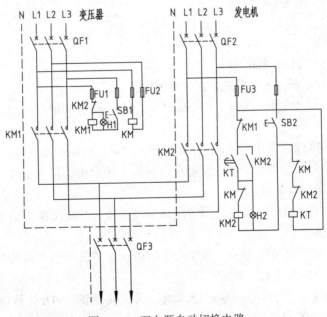

图 11-1　双电源自动切换电路

277

通过阅读电路图可以得知，供电电源由两路，一路来自变压器，另一路来自发电机。来自变压器的三相电源通过断路器 QF1、接触器 KM1、断路器 QF3 向负载供电。当变压器出现故障时，通过自动切换控制电路使得 KM1 主触点断开，KM2 主触点闭合，这时将备用的发电机接入，便可保证正常供电。

11.1.2 设置绘图环境

（1）设置图层。调用 LA "图层特性" 命令，调出【图层特性管理器】对话框。

（2）在对话框中分别创建 "电气图例" "线路结构" "注释文字" 图层，并分别修改各图层的颜色，如图 11-2 所示。

（3）参考第 3 章的知识，分别创建文字样式、标注样式。

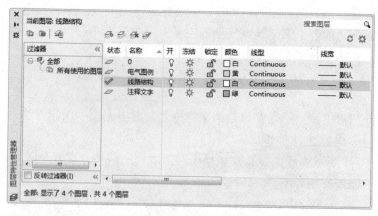

图 11-2　创建图层

11.1.3 绘制电路图图形

（1）将 "线路结构" 图层置为当前图层。

（2）执行 L "直线" 命令、O "偏移" 命令，绘制并偏移垂直线段，结果如图 11-3 所示。

（3）重复执行 L "直线" 命令，绘制如图 11-4 所示的水平线段。

（4）调用 L "直线" 命令，绘制垂直线段，接着再绘制水平线段来连接垂直线段，结果如图 11-5 所示。

（5）调用 F "圆角" 命令，设置圆角半径为 0，对线段执行修剪操作的结果如图 11-6 所示。

（6）执行 L "直线" 命令，绘制水平线段，接着调用 O "偏移" 命令偏移线段，结果如图 11-7 所示。

（7）调用 EX "延伸" 命令延伸垂直线段，接着调用 TR "修剪" 命令，修剪线段的结果如图 11-8 所示。

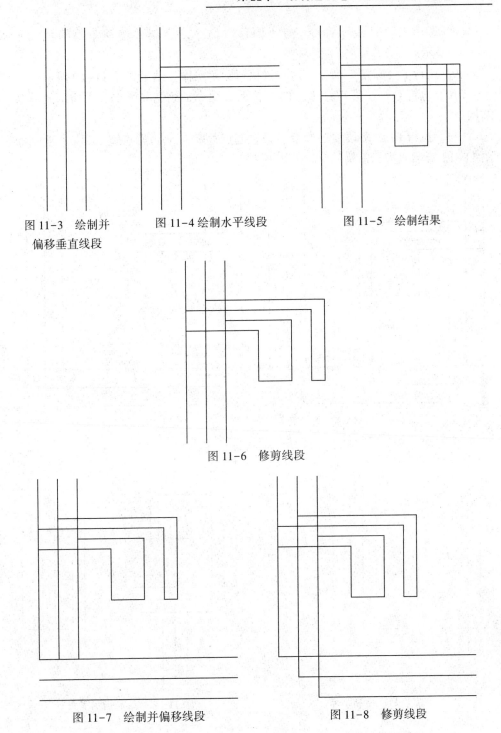

图 11-3 绘制并
偏移垂直线段

图 11-4 绘制水平线段

图 11-5 绘制结果

图 11-6 修剪线段

图 11-7 绘制并偏移线段

图 11-8 修剪线段

（8）调用 L "直线" 命令、O "偏移" 命令，绘制并偏移垂直线段，如图 11-9 所示。

（9）执行 F "圆角" 命令，对线段执行圆角操作，结果如图 11-10 所示。

（10）执行 O "偏移" 命令、TR "修剪" 命令，绘制如图 11-11 所示的线路结构。

（11）执行 PL "多段线" 命令，设置起点宽度为 50，端点宽度为 0，绘制如图 11-12 所示的指示箭头。

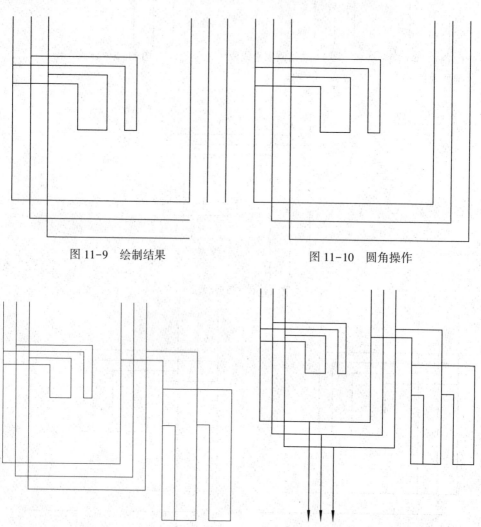

图 11-9　绘制结果

图 11-10　圆角操作

图 11-11　绘制结果

图 11-12　绘制指示箭头

（12）将"电气图例"图层置为当前图层。

（13）调入电气图例符号。打开配套光盘提供的"图例文件.dwg"文件，将其中的开关、指示灯等图例复制粘贴至当前图形中，如图11-13所示。

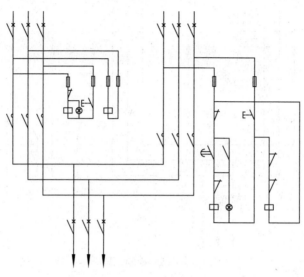

图 11-13　调入电气图例符号

（14）调用 TR"修剪"命令，修剪线路结构图，结果如图11-14所示。

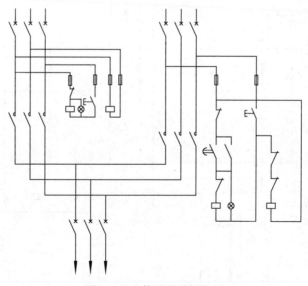

图 11-14　修剪线路结构图

（15）执行 L "直线" 命令，绘制线段连接开关，并将线段的线型设置为虚线，结果如图 11-15 所示。

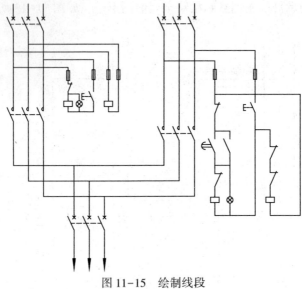

图 11-15　绘制线段

（16）调用 L "直线" 命令，绘制如图 11-16 所示的线段，并设置线段的线型为虚线。

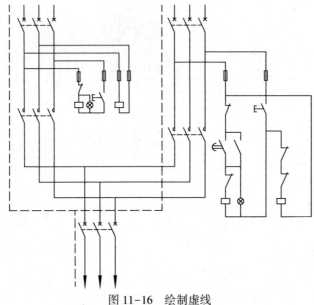

图 11-16　绘制虚线

11.1.4 绘制注释文字

（1）将"注释文字"图层置为当前图层。

（2）调用 MT"多行文字"命令，为电路图绘制字母代码，结果如图 11-1 所示。

11.2 绘制消防泵控制电路图

本节介绍消防泵控制电路的工作原理及其电路图的绘制方法。

11.2.1 电路工作原理

如图 11-17 所示为消防泵一用一备全压启动控制电路图的绘制结果。在高层建筑中，一般的供水水压和高水位水箱水位不能满足消火栓对水压的要求，通常采用消防泵进行加压，提供给灭火使用。根据实际的情况，可以使用一台水泵，也可以两台水泵互为备用。

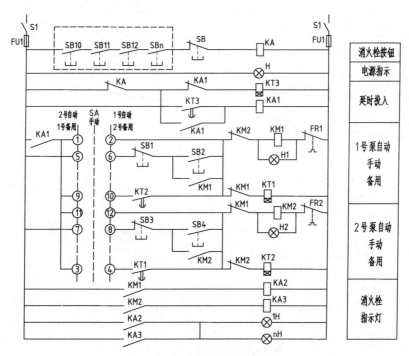

图 11-17 消防泵控制电路图

消防泵控制电路图的工作原理如下所述。

在准备投入状态时，QF1、QF2、SB1 都合上，SA 开关置于 1 号泵自动，2

号泵备用。因为消火栓内按钮被玻璃压下，其动合触点处于闭合状态，继电器KA线圈通电吸合，KA动断触点断开，使得水泵处于准备状态。

当有火灾时，只要敲碎消火栓内的按钮玻璃，使得按钮弹出，KA线圈失电，KA动断触点还原，时间继电器KT3线圈通电，铁芯吸合，动合触点KT3延时闭合，继电器KA1通电自锁，KM1接触器通电自锁，KM1主触点闭合，启动1号水泵。

假如1号水泵运转，经过一定的时间后，热继电器FR1断开，KM1失电还原，KT1通电，KT1动合触点延时闭合，使得接触器KM2通电自锁，KM2主触点闭合，启动2号水泵。

主要电气元件介绍如下。

SA为手动和自动选择开关。SB10～SBn为消火栓按钮，采用串连接法（在正常时被玻璃压下），实现断路启动，SB可以放置消防中心，作为消防泵启动按钮。SB1～SB4为手动状态时的启动停止按钮。H1、H2分别为1号、2号水泵启动指示灯。1H～nH为消火栓内指示灯，由KA2和KA3触点控制。

11.2.2 设置绘图环境

（1）设置图层。调用LA"图层特性"命令，调出【图层特性管理器】对话框。

（2）在对话框中分别创建"电气图例""线路结构""注释文字"图层，并分别修改各图层的颜色，如图11-18所示。

（3）参考第3章的知识，分别创建文字样式、标注样式。

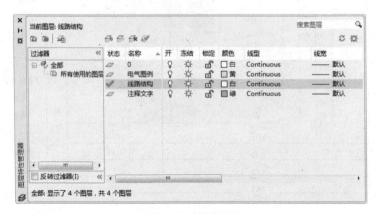

图11-18 创建图层

11.2.3 绘制主电路图

（1）将"线路结构"图层置为当前图层。

（2）执行 L"直线"命令、O"偏移"命令，绘制并偏移线段，如图 11-19 所示。

（3）调用 TR"修剪"命令，修剪线段，结果如图 11-20 所示。

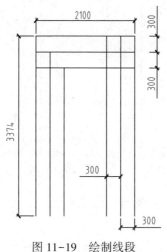

图 11-19　绘制线段

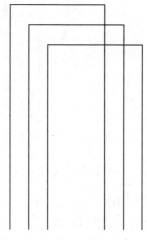

图 11-20　修剪线段

（4）将"电气图例"图层置为当前图层。

（5）调入电气图例符号。打开配套光盘提供的"图例文件.dwg"文件，将其中的断路器、继电器图例复制粘贴至当前图形中，如图 11-21 所示。

（6）绘制热继电器。执行 L"直线"命令，绘制如图 11-22 所示的线段。

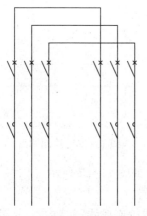

图 11-21　调入电气图例符号

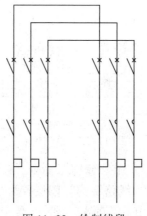

图 11-22　绘制线段

（7）调用 TR"修剪"命令，修剪线路，结果如图 11-23 所示。

（8）执行 L"直线"命令，绘制虚线分别连接断路器、继电器图形，结果如

285

图 11-24 所示。

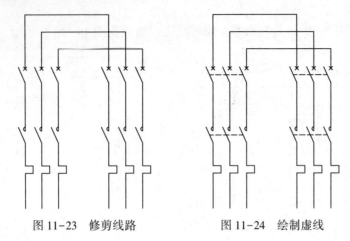

图 11-23　修剪线路　　　　　图 11-24　绘制虚线

（9）调用 REC"矩形"命令，绘制矩形框选热继电器图形，并将矩形的线型设置为虚线，如图 11-25 所示。

（10）绘制电动机。执行 C"圆"命令，绘制半径为 300 的圆形，如图 11-26 所示。

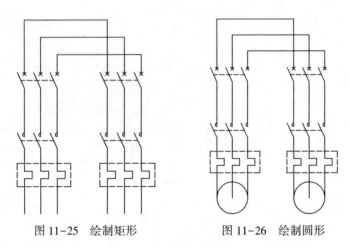

图 11-25　绘制矩形　　　　　图 11-26　绘制圆形

（11）执行 TR"修剪"命令，修剪线段如图 11-27 所示。

（12）将"线路结构"图层置为当前图层。

（13）调用 L"直线"命令，绘制垂直线段连接线路结构图，结果如图 11-28 所示。

（14）将"注释文字"图层置为当前图层。

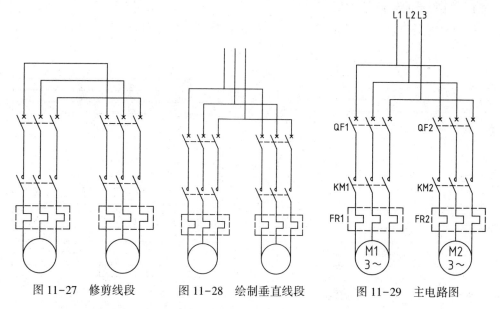

图 11-27 修剪线段　　　图 11-28 绘制垂直线段　　　图 11-29 主电路图

（15）调用 MT【多行文字】命令，在电路图中绘制如图 11-29 所示的标注文字，即可完成主电路图的绘制。

11.2.4 绘制控制电路图

（1）将"线路结构"图层置为当前图层。

（2）执行 L"直线"命令，绘制如图 11-30 所示的线段来表示线路。

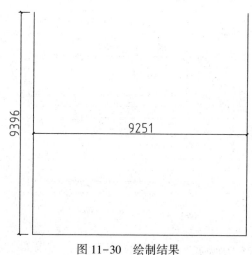

图 11-30 绘制结果

（3）调用 O"偏移"命令、TR"修剪"命令，偏移并修剪线段，绘制如

287

图 11-31所示的线路结构图。

（4）重复执行上述操作，继续绘制线路结构图，结果如图 11-32 所示。

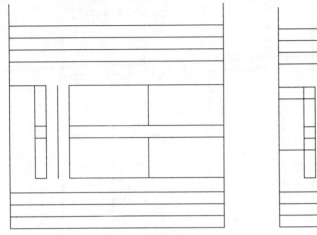

图 11-31　偏移并修剪线段　　　　　　　　图 11-32　绘制结果

（5）将"电气图例"图层置为当前图层。

（6）调入电气图例符号。打开配套光盘提供的"图例文件.dwg"文件，将其中的开关、指示灯等图例复制粘贴至当前图形中，如图 11-33 所示。

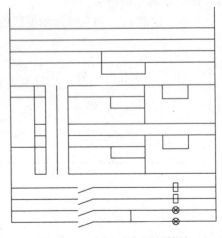

图 11-33　调入电气图例符号

（7）执行 TR"修剪"命令，修剪线路结构图，结果如图 11-34 所示。

（8）执行 C"圆"命令，绘制半径为 149 的圆形，如图 11-35 所示。

（9）执行 TR"修剪"命令，修剪圆形内的线段，结果如图 11-36 所示。

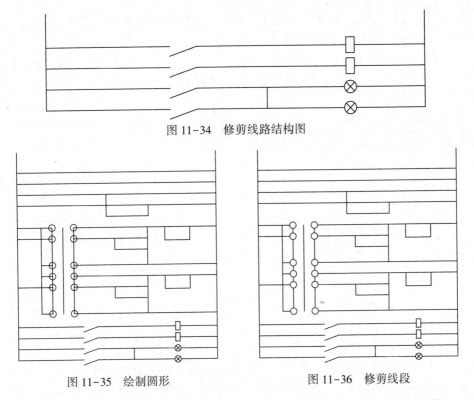

图 11-34 修剪线路结构图

图 11-35 绘制圆形　　　　　　　　图 11-36 修剪线段

（10）调用 MT "多行文字"命令，在圆圈内绘制标注文字，结果如图 11-37 所示。

（11）执行 L "直线"命令，绘制线段连接圆形，接着调用 S "拉伸"命令，拉伸圆圈中间的线段，结果如图 11-38 所示。

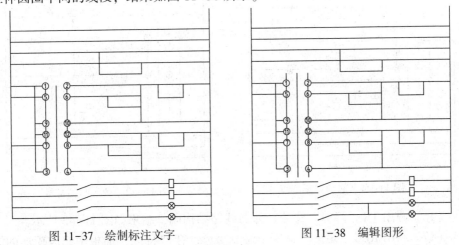

图 11-37 绘制标注文字　　　　　　图 11-38 编辑图形

（12）选择圆圈之间的垂直线段，单击"特性"面板上的"线型"选项，在列表中选择虚线线型，修改线型的结果如图 11-39 所示。

（13）调入图例。在"图例文件.dwg"文件中选择动合触点、接触器等图例符号，将其布置在系统图中的结果如图 11-40 所示。

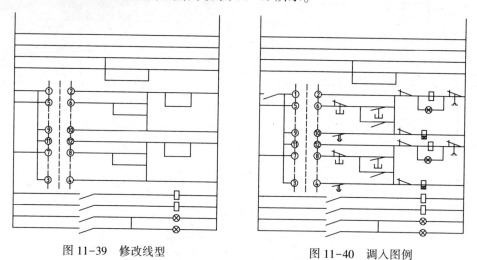

图 11-39　修改线型　　　　　　　　图 11-40　调入图例

（14）执行 TR"修剪"命令，修剪线路结构图如图 11-41 所示。

（15）调入图例符号。在"图例文件.dwg"文件中选择熔断器、按钮等图例符号，将其复制粘贴至当前视图中，结果如图 11-42 所示。

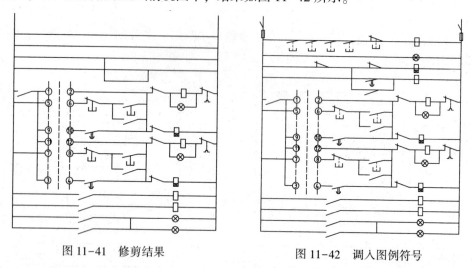

图 11-41　修剪结果　　　　　　　　图 11-42　调入图例符号

（16）调用 TR"修剪"命令，修剪线路结构图，结果如图 11-43 所示。

（17）调用 REC"矩形"命令，绘制矩形，在"特性"面板中修改矩形的线型为虚线，框选消火栓按钮的结果如图 11-44 所示。

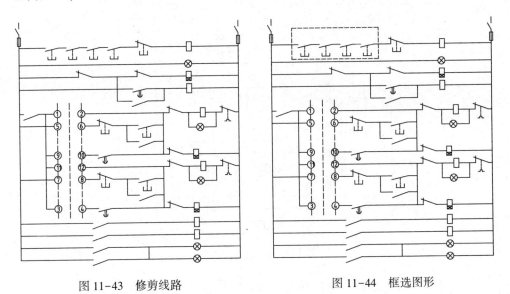

图 11-43 修剪线路　　　　　　　　　　图 11-44 框选图形

11.2.5 绘制注释文字

（1）将"注释文字"图层置为当前图层。

（2）执行 REC"矩形"命令，在电路图的右侧绘制如图 11-45 所示的矩形。

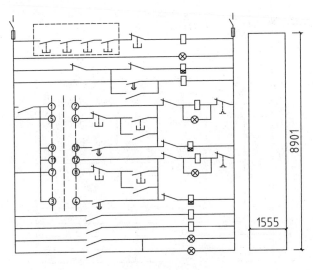

图 11-45 绘制矩形

（3）调用 L"直线"命令，在矩形内绘制水平线段，结果如图 11-46 所示。

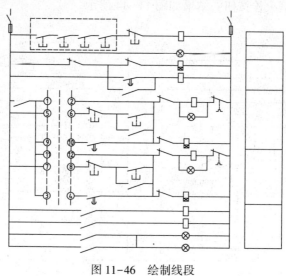

图 11-46　绘制线段

（4）执行 MT【多行文字】命令，为电路图绘制标注文字，结果如图 11-47 所示。

（5）重复执行上述操作，在矩形框内绘制如图 11-17 所示的标注文字，即可完成消防泵控制电路图的绘制。

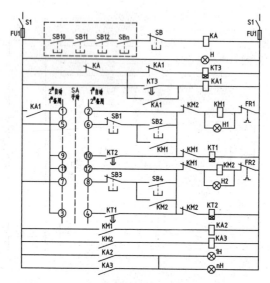

图 11-47　绘制标注文字

11.3 绘制排烟风机控制电路图

本节介绍排烟风机控制电路的工作原理及其电路图的绘制方法。

11.3.1 电路工作原理

如图 11-48 所示为排烟（正压送风）风机控制电路图的绘制结果，本节介绍其绘制步骤。在电路图中，YF 为安装在排烟风道中的防火阀（280℃）动断触点，当此控制电路用于正压送风机时，将 X1：8 与 X1：9 短接。排烟（正压送风）风机采用手动两地控制，消防系统提供有源触点，排烟口（正压送风口）与风机直接联动，风机过负荷报警。

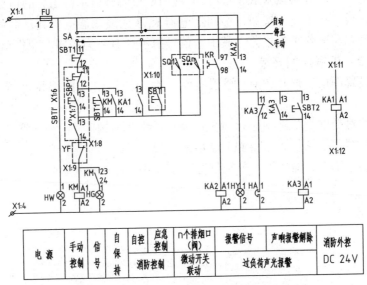

图 11-48 排烟（正压送风）风机控制电路图

排烟风机手动控制原理介绍如下。

在万能转换开关 SA 处于"手动"位置时，按下排烟风机现场控制箱上的起动按钮 SBT1′或者另一控制地点控制箱上的起动按钮 SBT1，排烟风机的交流接触器 KM 通电吸合，其动合辅助触头 KM 闭合自锁后，主触头闭合，电动机的主电路接通，排烟风机运转。交流接触器的另一动合触头闭合使信号指示灯 HG 亮显，此时排烟风机正处于运行状态。

当确认发生火灾后，消防值班人员旋动消防中心联动控制盘上的钥匙式控制按钮 SB，可以直接启动排烟风机。在检修排烟风机时，断开排烟风机现场控制箱内的主令开关 S，切断电动机的控制回路，使其他控制地点不能起动排烟风机，以保证检修人员的安全。

排烟风机自动控制原理介绍如下。

在自动控制状态下，当发生火灾时，来自消防报警控制器的消防外控触点 KA1 或者着火层的排烟口微动开关 SQ1~SQn 闭合，使得排烟风机的交流接触器 KM 通电吸合，其主触头闭合，电动机的主电路接通，排烟风机运转。

当排烟竖井和排烟管道中的空气温度达到 280℃时，防火阀 YF 的动断触点打开，切断排烟风机的控制电路，交流接触器的主触头断开，切断电动机主电路，排烟风机停止运行。

当排烟风机过负荷时，热继电器的动合辅助触点 KR 闭合，中间继电器 KA2 的线圈通电，其动合触点 KA2 闭合，电铃 HA 和信号指示灯 HY 的电源被接通，发出声光报警。按下复位按钮，中间继电器 KA3 的线圈通电，其动断触点断开，切断电铃回路，解除声响报警。其中，信号指示灯 HW 为控制电源指示灯。

11.3.2　设置绘图环境

（1）设置图层。调用 LA "图层特性" 命令，调出【图层特性管理器】对话框。

（2）在对话框中分别创建 "电气图例" "线路结构" "注释文字" 图层，并分别修改各图层的颜色，如图 11-49 所示。

（3）参考第 3 章的知识，分别创建文字样式、标注样式。

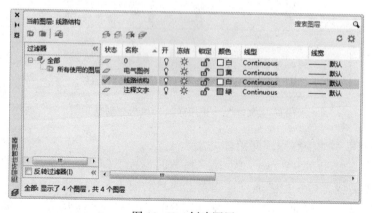

图 11-49　创建图层

11.3.3　绘制主电路图

（1）将 "线路结构" 图层置为当前图层。

（2）调用 L "直线" 命令，绘制长度为 3710 的垂直线段。

（3）执行 O "偏移" 命令，设置偏移距离为 450，偏移线段如图 11-50 所示。

（4）将 "电气图例" 图层置为当前图层。

（5）调入电气图例符号。打开配套光盘提供的 "图例文件 . dwg" 文件，将其中的断路器、隔离开关等图例复制粘贴至当前图形中，如图 11-51 所示。

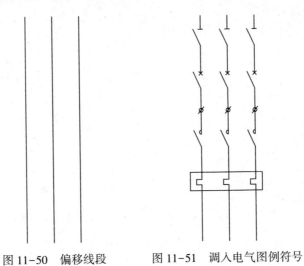

图 11-50　偏移线段　　　　图 11-51　调入电气图例符号

（6）绘制电动机。执行 C "圆" 命令，绘制半径为 227 的圆形，如图 11-52 所示。

（7）执行 L "直线" 命令，绘制线段连接圆形，如图 11-53 所示。

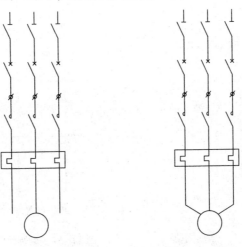

图 11-52　绘制圆形　　　　图 11-53　绘制线段

（8）执行 TR "修剪" 命令，修剪线段，结果如图 11-54 所示。

（9）调用 L "直线" 命令，绘制线段连接图例符号，并在 "特性" 选项板上更改线段的线型为虚线，如图 11-55 所示。

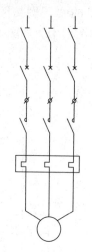

图 11-54　修剪线段

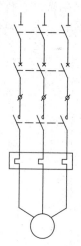

图 11-55　绘制虚线

（10）调用 REC "矩形" 命令，绘制矩形框选隔离开关图形，并将矩形的线型设置为虚线，如图 11-56 所示。

（11）绘制接地符号。执行 L "直线" 命令，绘制如图 11-57 所示的接地符号。

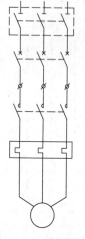

图 11-56　绘制矩形

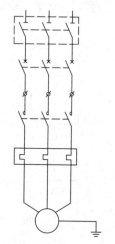

图 11-57　绘制接地符号

（12）调用 L"直线"命令，绘制垂直虚线，接着执行 CO"复制"命令，复制图例符号至线段末尾，操作结果如图 11-58 所示。

（13）将"注释文字"图层置为当前图层。

（14）执行 MT"多行文字"命令，为主电路图绘制字母代码，完成主电路图的绘制如图 11-59 所示。

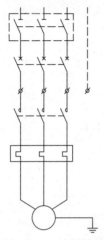

图 11-58　绘制结果

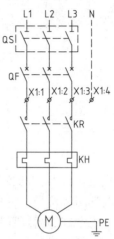

图 11-59　主电路图

11. 3. 4　绘制控制电路图

（1）将"线路结构"图层置为当前图层。

（2）执行 L"直线"命令、O"偏移"命令，绘制并偏移线段。

（3）接着调用 TR"修剪"命令，修剪线段如图 11-60 所示。

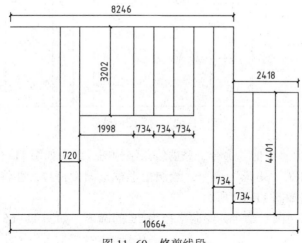

图 11-60　修剪线段

（4）执行 L "直线" 命令，继续绘制线路结构图，绘制结果如图 11-61 所示。

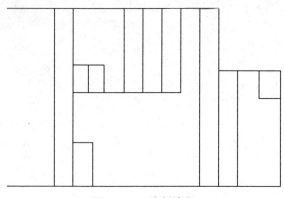

图 11-61　绘制线段

（5）将 "电气图例" 图层置为当前图层。

（6）调入电气图例符号。打开配套光盘提供的 "图例文件 . dwg" 文件，将其中的熔断器、指示灯等图例复制粘贴至当前图形中，如图 11-62 所示。

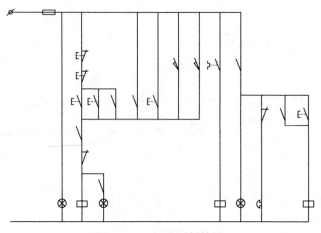

图 11-62　调入图例符号

（7）执行 TR "修剪" 命令，修剪线路结构图，结果如图 11-63 所示。

（8）调用 REC "矩形" 命令，绘制矩形框选图例符号，并将矩形的线型设置为虚线，结果如图 11-64 所示。

（9）调用 C "圆" 命令，绘制半径为 29 的圆形，如图 11-65 所示中的箭头所指。

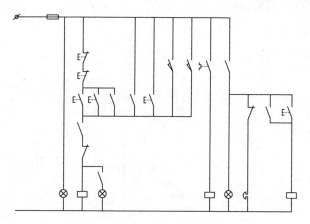

图 11-63　修剪线段

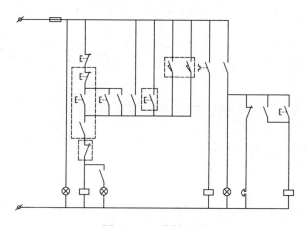

图 11-64　绘制矩形

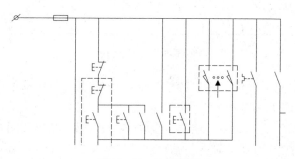

图 11-65　绘制圆形

（10）调用 H "图案填充" 命令，在 "图案" 面板上选择 SOLID 图案，对圆形执行填充操作的结果如图 11-66 所示。

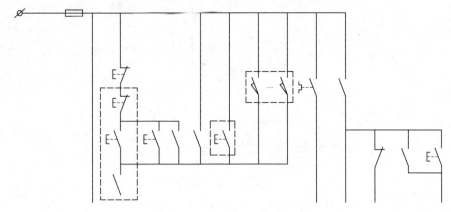

图 11-66　填充图案

（11）执行 L "直线" 命令、O "偏移" 命令，绘制如图 11-67 所示的水平线段。

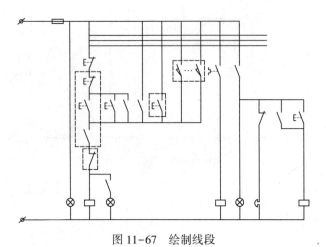

图 11-67　绘制线段

（12）选择中间的线段，在 "特性" 面板中的 "线型" 选项中选择虚线，修改线型的结果如图 11-68 所示。

（13）调用 C "圆" 命令，绘制半径为 43 的圆形，结果如图 11-69 所示。

（14）执行 TR "修剪" 命令，修剪线段，结果如图 11-70 所示。

（15）调用 H "图案填充" 命令，选择 SOLID 图案，对圆形执行填充操作的结果如图 11-71 所示。

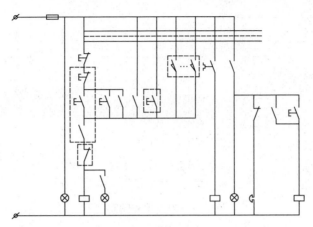

图 11-68 修改线型

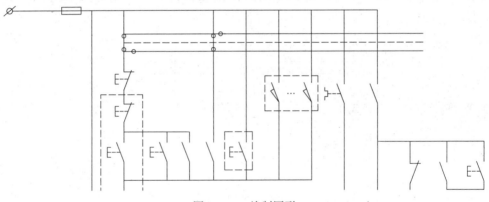

图 11-69 绘制圆形

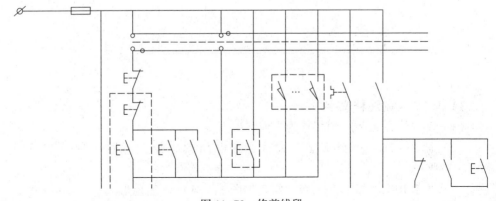

图 11-70 修剪线段

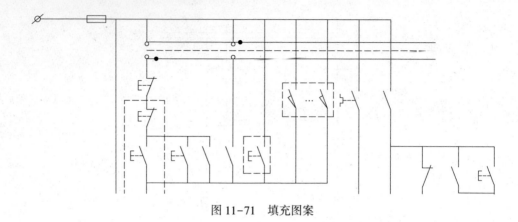

图 11-71　填充图案

（16）绘制消防外控电路，执行 CO "复制" 命令，移动复制交流接触器至右侧，调用 L "直线" 命令，绘制线路连接接触器符号，绘制结果如图 11-72 所示。

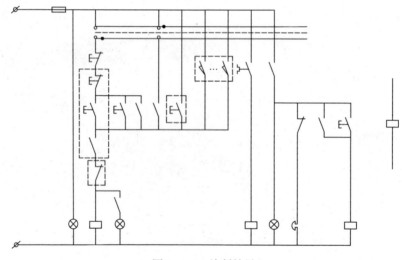

图 11-72　绘制结果

11.3.5　绘制注释文字

（1）将 "注释文字" 图层置为当前图层。

（2）调用 MT "多行文字" 命令，在电路图中绘制标注文字，结果如图 11-73所示。

（3）调用 REC "矩形" 命令，绘制如图 11-74 所示的矩形。

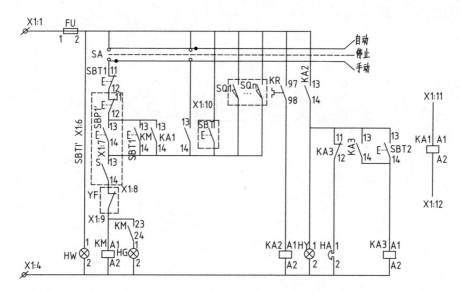

图 11-73　绘制标注文字

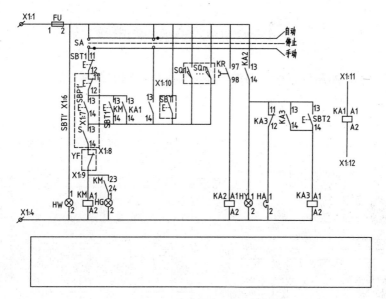

图 11-74　绘制矩形

（4）调用 L "直线"命令，在矩形内绘制如图 11-75 所示的线段。

（5）调用 MT "多行文字"命令，在矩形框内绘制标注文字，完成控制电路图的绘制结果如图 11-48 所示。

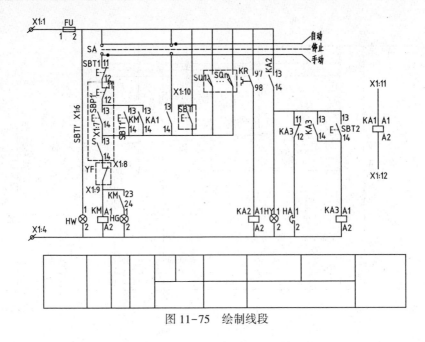

图 11-75　绘制线段

11.4　绘制冷水机组控制电路

本节介绍冷水机组控制电路的工作原理及电路图的绘制方法。

11.4.1　电路工作原理

冷水机组是重要空调系统中的制冷装置，如图 11-76 所示为冷水机组及其附泵配电及控制电路图的绘制结果，本节介绍其绘制步骤。其中，冷水机组起动柜

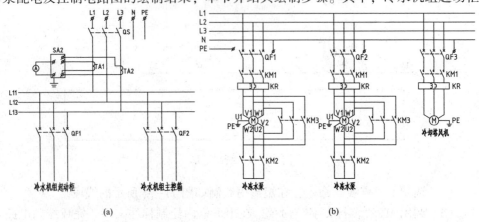

(a)　　　　　　　　　　　　　　　(b)

图 11-76　冷水机组及其附泵配电及控制电路图

和主控箱均由生产厂家提供，冷却水泵、冷冻水泵采用丫/△降压起动，冷却塔风机则为全压起动手动两地控制。

冷水机组的工作原理介绍如下。

冷水机组通常情况下在控制室内的起动柜和机旁主控箱两地手动控制。当冷水机组的制冷剂采用氟利昂，气温较低，油温低于30%时，在起动冷水机组前，应该将油加热。

投入加热器的同时，运转油泵使机组内的油强行循环。当油温达到35℃以上时，温度控制器动作，加热器和油泵停止工作。

如果油温加热到35℃后，没有立即起动冷水机组，油温下降到30%时，加热器自动投入工作。如果冷水机组采用氨制冷，在起动冷水机组前不需要加热。

假如油温正常，就先按下油泵起动按钮，等待油压升起后，再按下冷水机组起动按钮，起动冷水机组工作。停止冷水机组工作时，应该先停冷水机组，后停油泵。紧急停机时，可以直接按下油泵停止按钮或者断开机组主控箱上的控制回路电源开关，使得机组立即停止运行。

11.4.2 设置绘图环境

（1）设置图层。调用 LA"图层特性"命令，调出【图层特性管理器】对话框。

（2）在对话框中分别创建"电气图例""线路结构""注释文字"图层，并分别修改各图层的颜色，如图11-77所示。

（3）参考第3章的知识，分别创建文字样式、标注样式。

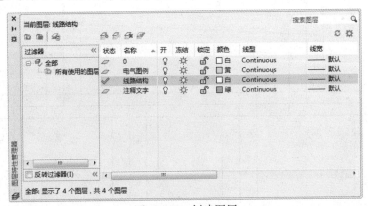

图 11-77 创建图层

11.4.3 绘制冷水机组控制电路图

（1）将"线路结构"图层置为当前图层。

（2）执行 L"直线"命令、O"偏移"命令，绘制如图11-78所示的线路结构图。

（3）将"电气图例"图层置为当前图层。

（4）调入电气图例符号。打开配套光盘提供的"图例文件．dwg"文件，将其中的断路器、继电器等图例复制粘贴至当前图形中，如图 11-79 所示。

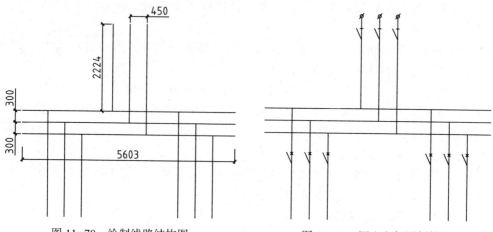

图 11-78　绘制线路结构图　　　　图 11-79　调入电气图例符号

（5）调用 TR"修剪"命令，修剪线段，结果如图 11-80 所示。

（6）执行 L"直线"命令，绘制虚线连接电气元件图例，结果如图 11-81 所示。

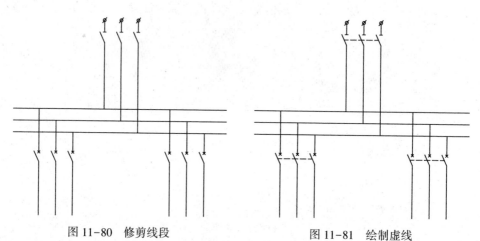

图 11-80　修剪线段　　　　　　　图 11-81　绘制虚线

（7）执行 CO"复制"命令，选择线路以及端子符号向右移动复制，接着调用 S"拉伸"命令，延长线路，结果如图 11-82 所示。

（8）执行 REC"矩形"命令，绘制 710×460 的矩形，结果如图 11-83 所示。

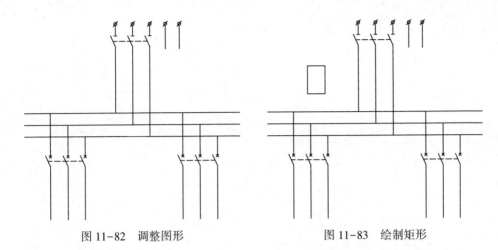

图 11-82　调整图形　　　　　　　　　图 11-83　绘制矩形

（9）调用 CO "复制" 命令，将端子图例移动复制至矩形内，结果如图 11-84 所示。

（10）执行 L "直线" 命令，绘制线段连接端子与线路，结果如图 11-85 所示。

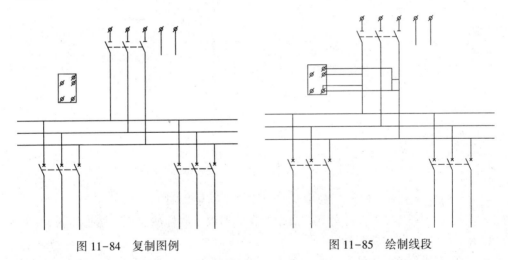

图 11-84　复制图例　　　　　　　　　图 11-85　绘制线段

（11）调用 C "圆" 命令，绘制半径为 66 的圆形，如图 11-86 所示。

（12）执行 TR "修剪" 命令，修剪图形的结果如图 11-87 所示。

（13）执行 L "直线" 命令，绘制线段连接左侧的两个端子，如图 11-88 所示。

（14）调用 C "圆" 命令，绘制半径为 97 的圆形，如图 11-89 所示。

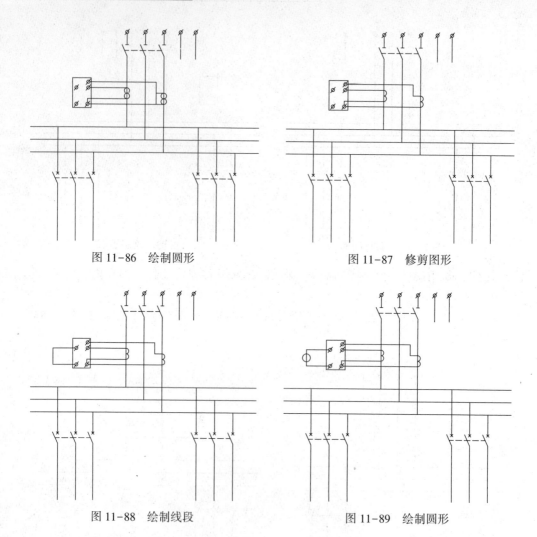

图 11-86　绘制圆形　　　　　　　　　图 11-87　修剪图形

图 11-88　绘制线段　　　　　　　　　图 11-89　绘制圆形

（15）执行 TR "修剪" 命令，修剪线段，结果如图 11-90 所示。

（16）调用 MT "多行文字" 命令，在圆形内绘制标注文字，结果如图 11-91 所示。

（17）执行 L "直线" 命令，绘制接地符号如图 11-92 所示。

（18）将 "注释文字" 图层置为当前图层。

（19）调用 MT "多行文字" 命令，为电路图绘制字母代码，完成冷水机组控制电路图的绘制结果如图 11-93 所示。

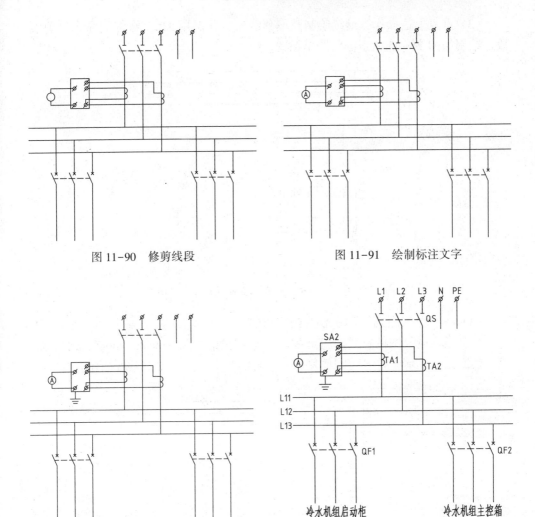

图 11-90　修剪线段

图 11-91　绘制标注文字

图 11-92　绘制接地符号

图 11-93　绘制字母代码

11.4.4　绘制冷水机组附泵配电电路图

（1）将"线路结构"图层置为当前图层。

（2）执行 L"直线"命令、O"偏移"命令，绘制 9640 的水平线段，设置偏移距离为 300，偏移线段的结果如图 11-94 所示。

图 11-94　绘制并偏移线段

309

（3）重复上述操作，继续绘制及偏移线段，并调用 TR "修剪" 命令修剪线段，绘制如图 11-95 所示的线路结构图。

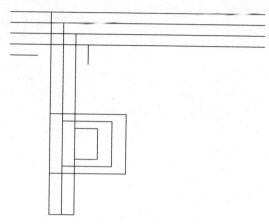

图 11-95　绘制线路结构图

（4）将 "电气图例" 图层置为当前图层。

（5）调入电气图例符号。打开配套光盘提供的 "图例文件 . dwg" 文件，将其中的断路器、端子符号等图例复制粘贴至电路图中，如图 11-96 所示。

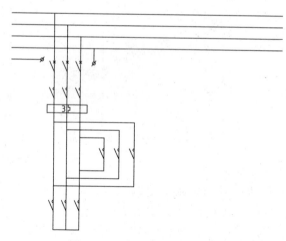

图 11-96　调入电气图例符号

（6）绘制电动机。调用 C "圆" 命令，绘制半径为 160 的圆形来表示电动机，结果如图 11-97 所示。

（7）调用 L "直线" 命令，绘制线段连接图形，结果如图 11-98 所示。

（8）调用 TR "修剪" 命令，修剪线路如图 11-99 所示。

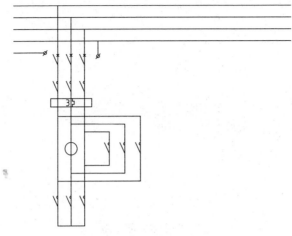

图 11-97　绘制圆形

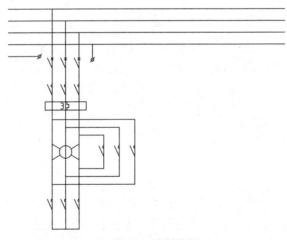

图 11-98　绘制线段

（9）执行 L "直线"命令，绘制虚线连接继电器及断路器图例符号，结果如图 11-100 所示。

（10）绘制接地符号。调用 L "直线"命令、O "偏移"命令，绘制与电动机图例符号相连接的接地符号，结果如图 11-101 所示。

（11）调用 CO "复制"命令，选择绘制完成的电路图图形向右移动复制，结果如图 11-102 所示。

（12）重复上述操作继续向右复制电路图图形，接着调用 E "删除"命令，删除部分图形，操作结果如图 11-103 所示。

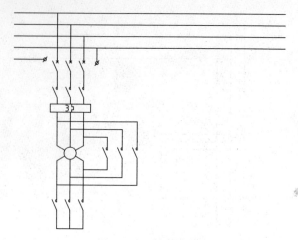

图 11-99　修剪线路

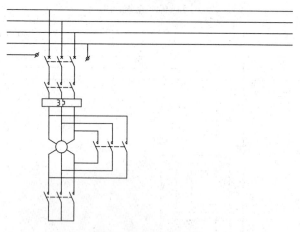

图 11-100　绘制虚线

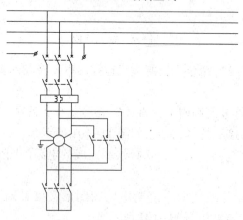

图 11-101　绘制接地符号

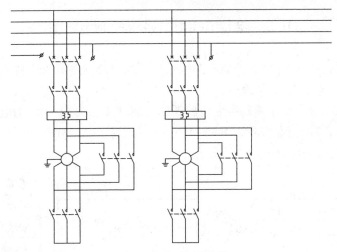

图 11-102　复制图形

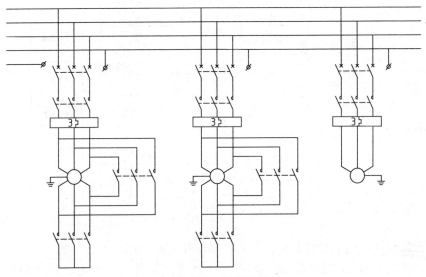

图 11-103　操作结果

11.4.5　绘制注释文字

（1）将"注释文字"图层置为当前图层。

（2）执行 MT"多行文字"命令，在电气元件一侧绘制代码符号，完成电路图的绘制如图 11-76（b）所示。

11.5　绘制电梯电气系统控制电路图

本节介绍电梯电气系统控制电路的工作原理以及电路图的绘制方法。

11.5.1　电路工作原理

图 11-104 为电梯主拖动控制电路图的绘制结果，图 11-105 为电梯运行控制电路图的绘制结果，本节介绍图 11-105 电梯运行控制电路图的绘制步骤。其中，电梯起动控制过程电路的动作原理介绍如下。

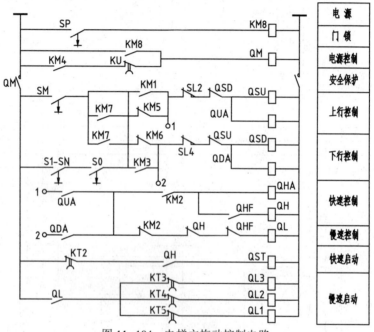

图 11-104　电梯主拖动控制电路

假如想让电梯上升到某层，首先将操作开关 KA 扳向"上"的位置，上行运行中间继电器 KM1 通电吸合，其一对动合触点闭合后，快速运行中间继电器 KM2 的线圈经 SA 的"上"触点，上行缓速行程开关 SL1，KM1 触点，慢速开关 SBL 经通电后吸合，此时 KM2 动作。

在电梯启动时，如图 11-105 所示，轿厢门开关 S0 和各厅门开关 S1~SN 闭合。这时，上行接触器 QSU 及其辅助接触器 QUA 的工作线圈回路通电吸合。此时，快速运行接触器 QHA 及 QH 也通电吸合。通过主电路可以得知，这时电动机 M 的绕组被接成高速运转的 YY 连接。虽然电动机 M 已与电源接通，但是电动机能否起动还依赖于制动电磁铁 YB 是否通电松开抱闸。

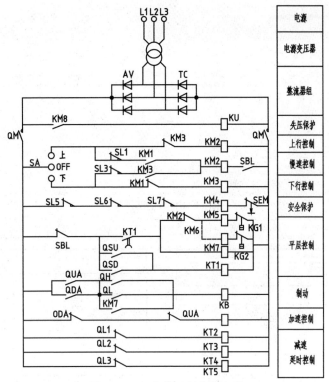

图 11-105　电梯运行控制电路

如图 11-105 所示，因为 QUA、QH 的常开触点闭合，KB 通电吸合，YB 得电，制动松开，电动机 M 得以起动运行。

11.5.2　设置绘图环境

（1）设置图层。调用 LA "图层特性"命令，调出【图层特性管理器】对话框。

（2）在对话框中分别创建"电气图例""线路结构""注释文字"图层，并分别修改各图层的颜色，如图 11-106 所示。

（3）参考第 3 章的知识，分别创建文字样式、标注样式。

11.5.3　绘制控制电路图图形

（1）将"线路结构"图层置为当前图层。

（2）调用 REC "矩形"命令，绘制尺寸为 7024×7503 的矩形。

（3）执行 X "分解"命令分解矩形，接着调用 O "偏移"命令，选择矩形边向内偏移，结果如图 11-107 所示。

（4）分别调用 O "偏移"命令、TR "修剪"命令，绘制如图 11-108 所示的线路结构图。

图 11-106　创建图层

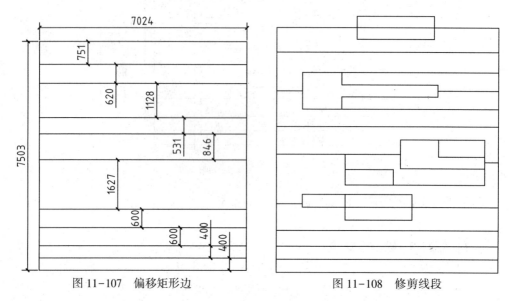

图 11-107　偏移矩形边　　　　　　　　图 11-108　修剪线段

（5）将"电气图例"图层置为当前图层。

（6）调入电气图例符号。打开配套光盘提供的"图例文件.dwg"文件，将其中的开关、继电器等图例复制粘贴至电路图中，如图 11-109 所示。

（7）执行 TR"修剪"命令，修剪线路结构图，结果如图 11-110 所示。

（8）选择线路，在"特性"面板上修改其线型为虚线，结果如图 11-111 所示。

（9）绘制电源变压器。执行 C"圆"命令，绘制半径为 221 的圆形，接着调用 CO"复制"命令，选择圆形向上复制，结果如图 11-112 所示。

（10）调用 L"直线"命令，绘制线段连接圆形与线路结构图，结果如

图11-113所示。

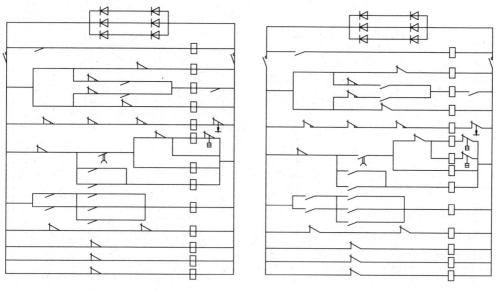

图 11-109 调入电气图例符号 图 11-110 修剪线路结构图

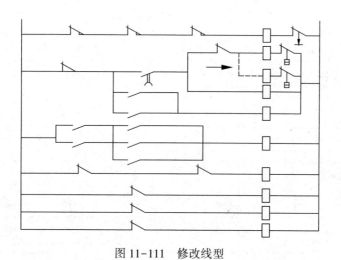

图 11-111 修改线型

　　（11）绘制电源。执行 C "圆"命令，绘制半径为 71 的圆形，如图 11-114 所示。

　　（12）绘制操作开关。调用 C "圆"命令，绘制半径为 85 的圆形，结果如图 11-115所示。

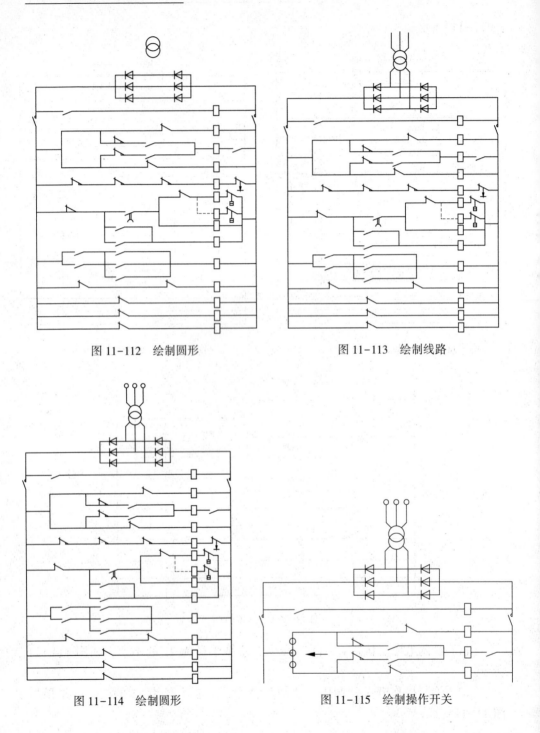

图 11-112　绘制圆形

图 11-113　绘制线路

图 11-114　绘制圆形

图 11-115　绘制操作开关

（13）执行 TR "修剪"命令，修剪线路结构图，结果如图 11-116 所示。

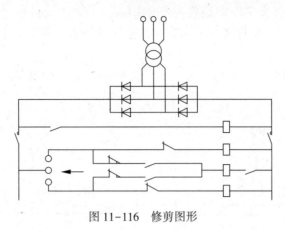

图 11-116　修剪图形

（14）绘制导线连接构件。执行 C "圆"命令，绘制半径为 45 的圆形，如图 11-117 所示。

（15）执行 H "图案填充"命令，为圆形填充 SOLID 图案，结果如图 11-118 所示。

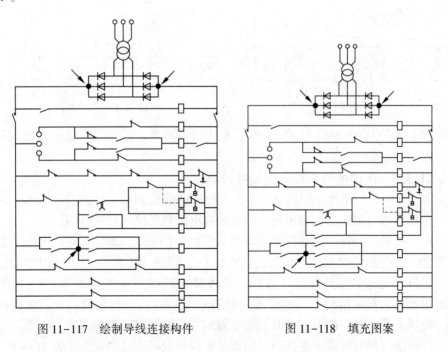

图 11-117　绘制导线连接构件　　　　图 11-118　填充图案

11.5.4　绘制注释文字

（1）将"注释文字"图层置为当前图层。

（2）调用 MT"多行文字"命令，在电气元件的一侧绘制字母代号，结果如图 11-119 所示。

（3）调用 REC"矩形"命令、L"直线"命令，绘制如图 11-120 所示的表格。

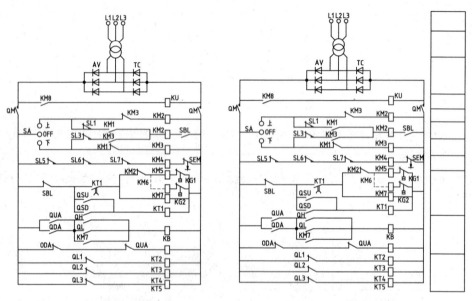

图 11-119　绘制字母代号　　　　　图 11-120　绘制表格

（4）执行 MT"多行文字"命令，在表格内绘制标注文字，完成电梯运行控制电路图的绘制结果如图 11-105 所示。

11.5.5　电梯电气系统其他相关知识

如图 11-121 所示为电梯电气系统主电路图的绘制结果，由三个基本电路组成，分别为串电阻降压起动电路、双速转换电路和正反转控制电路。

断开接触器 QST，接着将起动电阻 RS 串入主电路，此时电动机为串电阻降压起动。将电动机 M 接成 YY 接法，断开 QL，接通 QH 和 QHA，此时电动机为高速运行。将电动机 M 接成 Y 接法，接通接触器 QL，断开接触器 QH 和 QHA，此时电动机为低速运行。三相交流接触器 QSU 接通，QSD 断开，此时电动机正转，电梯上升，QSU 断开，QSD 接通。此时电动机反转，电梯下降。

在识读电梯电气系统电路图时需要了解的各设备符号的含义见表 11-1。

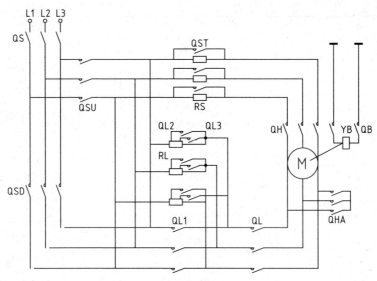

图 11-121 电梯电气系统的主电路

表 11-1   **设备符号的含义**

符号	名称	设备功能
QS	隔离开关	电源开关
M	电动机	电梯主拖动，双速电动机
RS	起动电阻	降压起动
QST	三相交流接触器	电阻降压起动控制
QH，QHA	三相交流接触器	电机绕组 YY 接（高速）控制
QB	直流接触器	电机制动
QL	三相交流接触器	电机绕组 Y 接（低速）控制
QL1，QL2，QL3	三相交流接触器	电梯降速控制
QSU	三相交流接触器	电梯上升控制
QSD	三相交流接触器	电梯下降控制
RL	降速电阻	电梯降速
YB	电磁铁	制动电磁铁（抱闸用）
TC	控制电源变压器	整流器电源
AV	整流器	提供控制用直流电源
SM	按钮	检修时短接门钥匙开关
S0	门锁开关	轿厢门门锁

符号	名称	设备功能
S1~SN	门厅按钮	各层门厅按钮
SA	操作开关	上下操作控制
SL1	行程开关	上行缓速控制
SL2	行程开关	上行限位控制
SL3	行程开关	下行缓速控制
SL4	行程开关	下行限位控制
SL5	行程开关	安全钳开关
SL6	行程开关	胀绳轮开关
SL7	行程开关	超速断绳开关
KU	继电器	电源电压控制
KM1	中间继电器	上行方向控制
KM2	中间继电器	快速运行状态
KM3	中间继电器	下行方向控制
KM4	中间继电器	安全保护控制
KM5	中间继电器	上行平层控制
KM6	中间继电器	下行平层控制
KM7	中间继电器	运行控制
KM8	中间继电器	电源控制
KT1	时间继电器	自动平层控制
KT2	时间继电器	加速时间控制
KT3，KT4，KT5	时间继电器	减速时间控制
QUA	交流接触器	上行辅助控制
QDA	交流接触器	下行辅助控制
KG1	干簧继电器	上行平层控制
KG2	干簧继电器	下行平层控制
SEM	按钮	紧急停车
SBL	断路器	慢速控制
SP	钥匙开关	控制电路电源控制
KB	中间继电器	制动控制
QM	交流接触器	电源控制

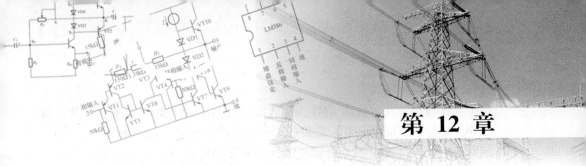

第 12 章

绘制机械电气设计图纸

本章介绍机械电气的工作原理及设计图纸的绘制，包括电动机自动往返电路、电磁离合器制动控制电路、C616 型卧式车床电气控制电路等。本章帮助读者了解机械电气的相关知识。

12.1 绘制电动机自动往返电路图

本节介绍电动机自动往返电路的工作原理及其电路图的绘制方法。

12.1.1 电路工作原理

自动往返电路图的绘制结果如图 12-1 所示，本节介绍其绘制步骤。铣床、刨床、车床等机电设备需要工作台设定在行程内能够自动往返，此时便需要通过自动往返控制电路来实现。

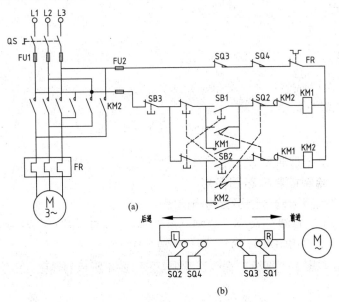

图 12-1　自动往返电路图

电路工作原理介绍如下。

按下 SB1 按钮，此时线圈 KM1 得电，电动机 M 得电正转，并带动工作台前进。工作台运行到预定的位置，安装在工作台侧的左挡铁 L 压下行程开关 SQ2，此时线圈 KM1 失电。SQ2 的动合触点闭合，线圈 KM2 得电，电动机 M 电源换相反转，带动工作台后退。

SQ2 复位，工作台运行到预定的位置，安装在工作台侧的右挡铁 R 压下行程开关 SQ1，此时线圈 KM2 失电，线圈 KM1 得电，电动机 M 得电正转，并带动工作台前进。

按下停止按钮 SB2，电动机则断电停止运转。其中，SQ3 和 SQ4 用来限位保护，以防止 SQ1 和 SQ2 失灵，工作台超极限位置出轨。

12.1.2　设置绘图环境

（1）设置图层。调用 LA "图层特性" 命令，调出【图层特性管理器】对话框。

（2）在对话框中分别创建 "电气图例" "线路结构" "注释文字" 图层，并分别修改各图层的颜色，如图 12-2 所示。

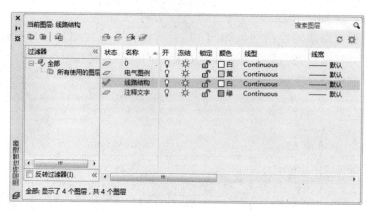

图 12-2　创建图层

（3）参考第 3 章的知识，分别创建文字样式、标注样式。

12.1.3　绘制控制电路图图形

（1）将 "线路结构" 图层置为当前图层。

（2）执行 L "直线" 命令，绘制高度为 5038 的垂直线段，接着调用 O "偏移" 命令，设置偏移距离为 393，偏移线段如图 12-3 所示。

（3）重复调用 L "直线" 命令，绘制如图 12-4 所示的线段。

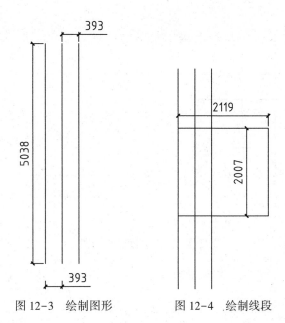

图 12-3 绘制图形   图 12-4 绘制线段

（4）执行 O "偏移" 命令，选择线段向内偏移，结果如图 12-5 所示。

（5）调用 TR "修剪" 命令，修剪线段如图 12-6 所示。

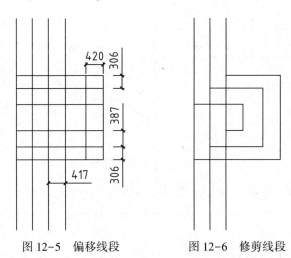

图 12-5 偏移线段   图 12-6 修剪线段

（6）重复执行上述操作，绘制如图 12-7 所示的线路结构图。

（7）将 "电气图例" 图层置为当前图层。

（8）调入电气图例符号。打开配套光盘提供的 "图例文件.dwg" 文件，将其中的开关、线圈等图例复制粘贴至当前图形中，如图 12-8 所示。

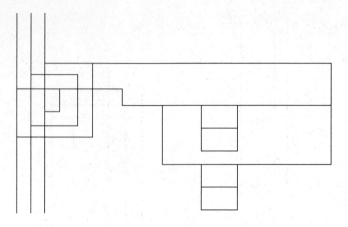

图 12-7　绘制线路结构图

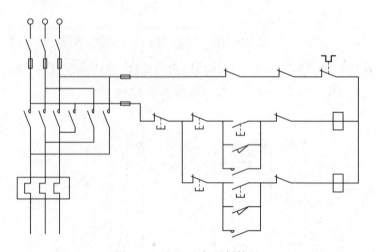

图 12-8　调入电气图例符号

（9）执行 TR "修剪" 命令，修剪线路结构图，结果如图 12-9 所示。

（10）执行 L "直线" 命令，绘制线段连接刀开关图例符号，并将线段的线型设置为虚线，结果如图 12-10 所示。

（11）调用 PL "多段线" 命令，设置线宽为 5，在虚线的一端绘制如图 12-11 所示的多段线。

（12）调用 L "直线" 命令，绘制虚线连接开关、按钮图形，结果如图 12-12 所示。

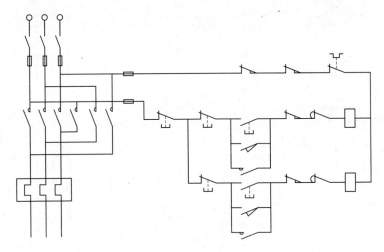

图 12-9　修剪线路结构图

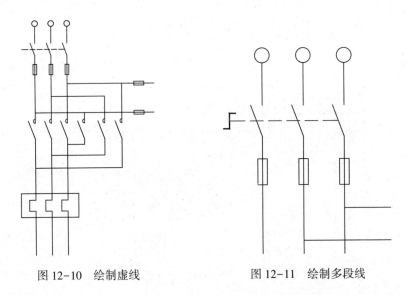

图 12-10　绘制虚线　　　　　　　　图 12-11　绘制多段线

（13）绘制电动机。执行 C "圆" 命令，设置半径为 488，绘制圆形如图 12-13所示。

（14）绘制导线连接构件。调用 C "圆" 命令，绘制半径为 45 的圆形，接着调用 H "图案填充" 命令，选择 SOLID 图案，对圆形执行填充操作的结果如图 12-14所示。

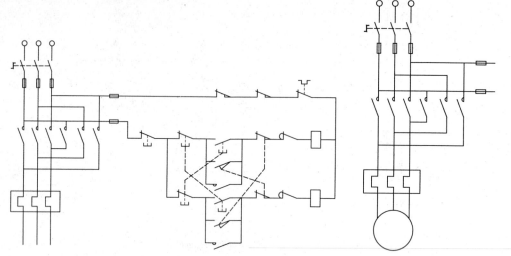

图 12-12　绘制虚线　　　　　　　图 12-13　绘制圆形

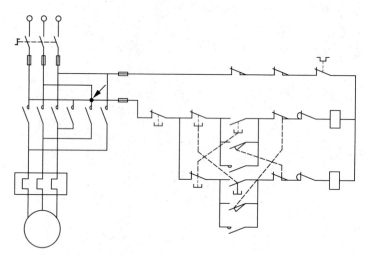

图 12-14　绘制导线连接构件

12.1.4　绘制挡铁工作原理图

（1）将"线路结构"图层置为当前图层。

（2）执行 REC"矩形"命令，绘制尺寸为 3740×450 的矩形，如图 12-15 所示。

（3）执行 L"直线"命令，绘制如图 12-16 所示的图形。

（4）调用 TR"修剪"命令，修剪图形，结果如图 12-17 所示。

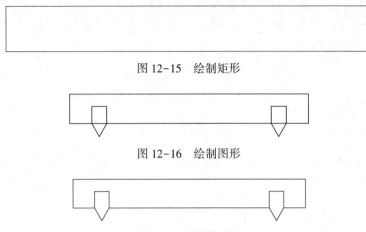

图 12-15　绘制矩形

图 12-16　绘制图形

图 12-17　修剪图形

（5）调用 C "圆" 命令，设置半径为 86，绘制如图 12-18 所示的圆形。

（6）执行 REC "矩形" 命令，绘制尺寸为 363×374 的矩形，如图 12-19 所示。

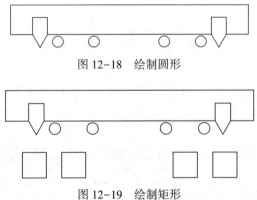

图 12-18　绘制圆形

图 12-19　绘制矩形

（7）调用 L "直线" 命令，绘制线段连接圆形与矩形，结果如图 12-20 所示。

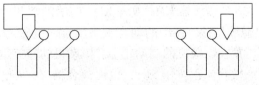

图 12-20　绘制线段

（8）调用 C "圆" 命令，绘制半径为 443 的圆形来表示电动机，结果如图 12-21 所示。

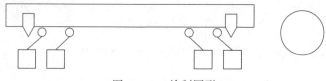

图 12-21　绘制圆形

（9）执行 PL【多段线】命令，设置起点宽度为 100，端点宽度为 0，绘制如图 12-22 所示的指示箭头。

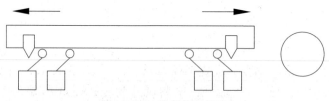

图 12-22　绘制指示箭头

12.1.5　绘制注释文字

（1）将 "注释文字" 图层置为当前图层。

（2）调用 MT "多行文字" 命令，为控制电路图绘制字母代码，结果如图 12-1（a）所示。

（3）重复执行上述操作，为挡铁工作原理图绘制标注文字，结果如图 12-1（b）所示。

12.2　绘制电磁离合器制动控制电路图

本节介绍电磁离合器制动控制电路的工作原理及其电路图的绘制方法。

12.2.1　电路工作原理

电磁离合器制动控制电路图的绘制结果如图 12-23 所示，本节介绍其绘制步骤。其中，电路工作原理介绍如下。

按下停止按钮 SB1，接触器 KM1 或者 KM2 的辅助常开动合触头和主触头复位，电动机 M 的电源被切除。SB1 的动合触头闭合，电磁离合器 YC 得电吸合，将电磁离合器磨片压紧在电动机的制动轮上，电动机的转速迅速下降。当电动机的转速下降为 0 时，松开停止按钮 SB1，电磁离合器 YC 失电，磨片脱离电动机的制动轮，制动结束。

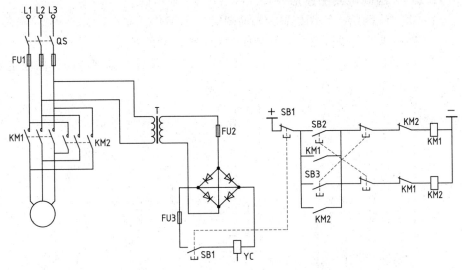

图 12-23 电磁离合器制动控制电路图

其中，控制电路中的接触器 KM1 和 KM2 分别控制着电动机的正转和反转。

12.2.2 设置绘图环境

（1）设置图层。调用 LA "图层特性"命令，调出【图层特性管理器】对话框。

（2）在对话框中分别创建"电气图例""线路结构""注释文字"图层，并分别修改各图层的颜色，如图 12-24 所示。

（3）参考第 3 章的知识，分别创建文字样式、标注样式。

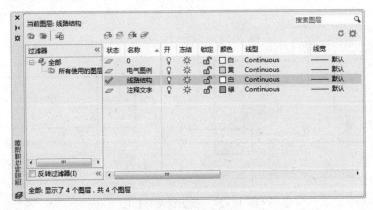

图 12-24 创建图层

12. 2. 3 绘制电路图图形

（1）将"线路结构"图层置为当前图层。

（2）执行 L "直线"命令，绘制如图 12-25 所示的线路。

（3）调用 O "偏移"命令、TR "修剪"命令，偏移并修剪线路，操作结果如图 12-26 所示。

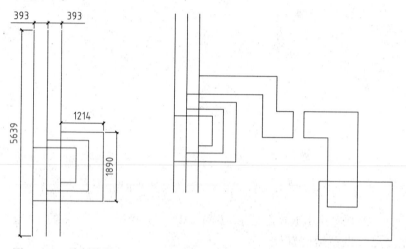

图 12-25　绘制线段　　　　　图 12-26　偏移并修剪线路

（4）重复上述操作，通过编辑线段以完成线路结构图的绘制，结果如图 12-27所示。

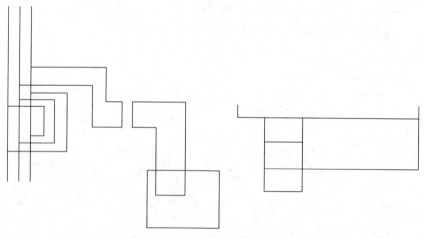

图 12-27　绘制线路结构图

（5）将"电气图例"图层置为当前图层。

（6）调入电气图例符号。打开配套光盘提供的"图例文件.dwg"文件，将其中的开关、电磁离合器等图例复制粘贴至当前图形中，如图12-28所示。

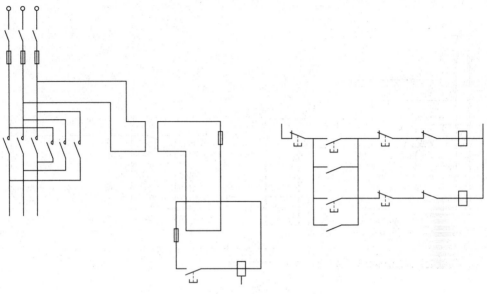

图12-28 调入电气图例符号

（7）执行TR"修剪"命令，修剪线路结构图，结果如图12-29所示。

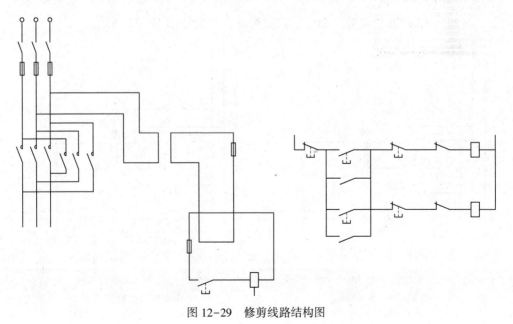

图12-29 修剪线路结构图

333

（8）执行 L "直线"命令，绘制线段连接图例符号，并且将线段的线型设置为虚线，结果如图 12-30 所示。

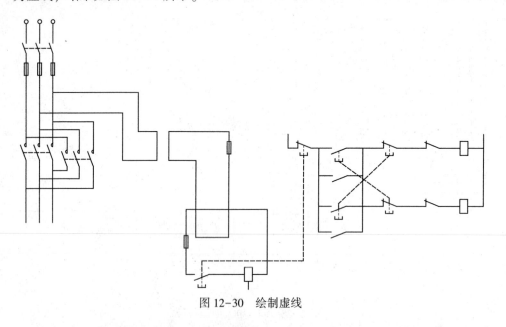

图 12-30　绘制虚线

（9）绘制变压器。调用 C "圆"命令，设置半径为 103，绘制箭头所指的圆形，如图 12-31 所示。

（10）执行 TR "修剪"命令，修剪圆形，结果如图 12-32 所示。

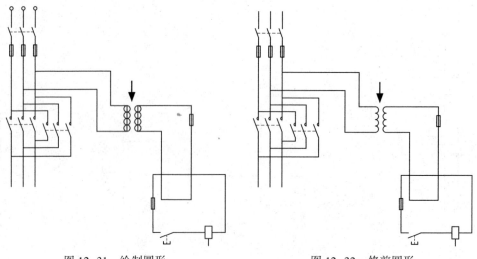

图 12-31　绘制圆形　　　　　　　图 12-32　修剪圆形

（11）调用 PL "多段线"命令，设置线宽为 20，绘制如图 12-33 所示的线段。

（12）执行 L "直线"命令，绘制如图 12-34 所示的线路。

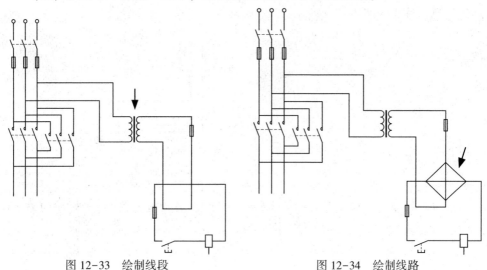

图 12-33 绘制线段　　　　　　　　　图 12-34 绘制线路

（13）绘制导体连接构件。执行 C "圆"命令，设置半径值为 40，在导线连接处绘制圆形；接着调用 H "图案填充"命令，对圆形填充 SOLID 图案，结果如图 12-35 所示。

（14）绘制半导体二极管符号。执行 L "直线"命令、CO "复制"命令，绘制如图 12-36 所示的二极管图例符号。

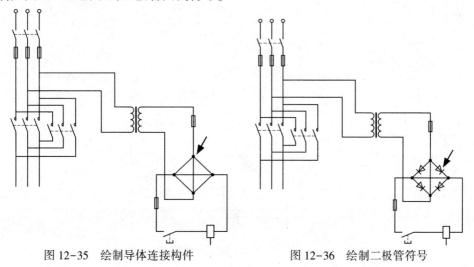

图 12-35 绘制导体连接构件　　　　　　图 12-36 绘制二极管符号

（15）调用 PL "多段线" 命令，设置线宽为 10，在线路的末端绘制如图 12-37 所示的水平线段。

（16）绘制电动机。执行 C "圆" 命令，设置半径值为 399，绘制圆形表示电动机符号，结果如图 12-38 所示。

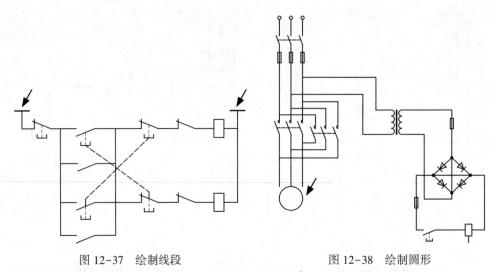

图 12-37　绘制线段　　　　　　　　图 12-38　绘制圆形

（17）调用 L "直线" 命令，绘制线段连接线路结构图与圆形，接着执行 TR "修剪" 命令修剪线段，操作结果如图 12-39 所示。

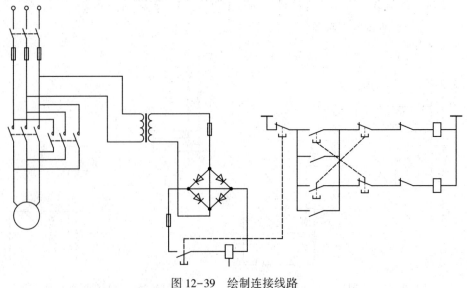

图 12-39　绘制连接线路

12.2.4　绘制注释文字

（1）将"注释文字"图层置为当前图层。

（2）执行 MT"多行文字"命令，在电气图例符号的一侧绘制字母代码，结果如图 12-23 所示。

12.3　绘制 C616 型卧式车床电气控制图

本节介绍 C616 型卧式车床的工作原理及其电路图的绘制方法。

12.3.1　电路工作原理

如图 12-40 所示为 C616 型卧式车床电气控制图的绘制结果，本节介绍其绘制步骤。车床电路由三部分组成，依次为：从电源到三台电动机的电路称为主电路；由接触器、继电器等电气元件组成的电路称为控制电路；第三部分为指示电路，由变压器 TC 次级供电，其中 HL 为指示灯，EL 为照明灯。

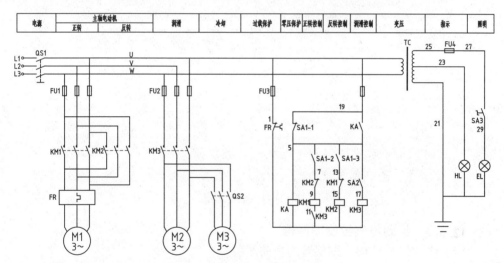

图 12-40　C616 型卧式车床电气控制图

以下介绍主电动机启动电路工作原理。

SA1 为鼓形转换开关，有一对动断触点 SA1-1，两对动合触点 SA1-2 和 SA1-3。当启动手柄置于"零位"时，SA1-1 闭合，两对动合触点均被断开。当启动手柄置于"正转"位置时，SA1-2 闭合，SA1-1、SA1-3 断开。当启动手柄置于"反转"位置时，SA1-3 闭合，SA1-1、SA1-2 断开。

当起动手柄置于"正转"位置时，SA1-2 接通，电流经（U-1-3-11-9-7-5-19-W）形成回路，接触器 KM1 得电吸合，其主触点闭合，使主电动机启动正转。与此同时，KM1 的动断辅助触点（13-15）断开，将反转接触器 KM2 联锁。

假如需要主电动机反转，只要将起动手柄置于"反转"位置，SA1-3 接通，SA1-2 断开，接触器 KM1 释放，正转停止，并解除了对 KM2 的联锁，接触器 KM2 吸合使 M1 反转。

假如需要停止主电动机 M1，只需要将 SA1 置于"零位"，SA1-2 及 SA1-3 均断开，主电动机的正转或者反转均会停止，并且为下一次启动做好准备。

12.3.2　设置绘图环境

（1）设置图层。调用 LA "图层特性"命令，调出【图层特性管理器】对话框。

（2）在对话框中分别创建"电气图例""线路结构""注释文字"图层，并分别修改各图层的颜色，如图 12-41 所示。

（3）参考第 3 章的知识，分别创建文字样式、标注样式。

图 12-41　创建图层

12.3.3　绘制电气控制图图形

（1）将"线路结构"图层置为当前图层。

（2）执行 L "直线"命令，绘制水平线段，接着调用 O "偏移"命令，设置偏移距离为 400，偏移线段如图 12-42 所示。

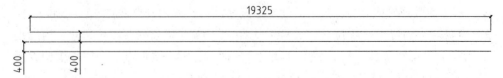

图 12-42　绘制并偏移线段

（3）调用 L"直线"命令、O"偏移"命令，绘制如图 12-43 所示的垂直线段。

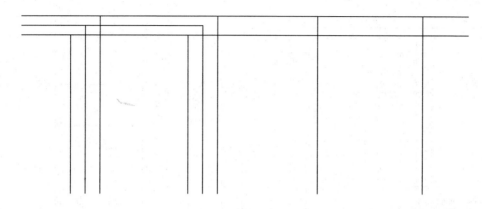

图 12-43　绘制垂直线段

（4）重复上述操作，绘制如图 12-44 所示的线路结构图。

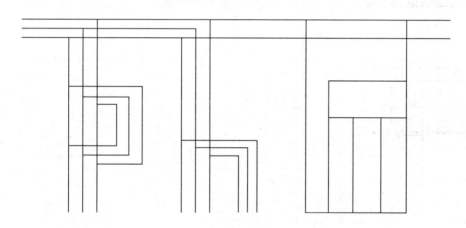

图 12-44　绘制线路结构图

（5）将"电气图例"图层置为当前图层。

（6）调入电气图例符号。打开配套光盘提供的"图例文件.dwg"文件，将其中的开关、接触器等图例复制粘贴至当前图形中，如图 12-45 所示。

（7）执行 TR"修剪"命令，修剪线路结构图，结果如图 12-46 所示。

（8）调用 L"直线"命令，绘制线段连接电气元件图形，并将线段的线型设置为虚线，操作结果如图 12-47 所示。

（9）绘制电动机。执行 C"圆"命令，绘制半径为 695 的圆形，接着调用 L

"直线"命令，绘制线段连接圆形与线路结构图，操作结果如图 12-48 所示。

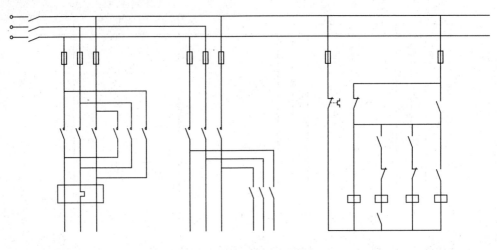

图 12-45　调入电气图例符号

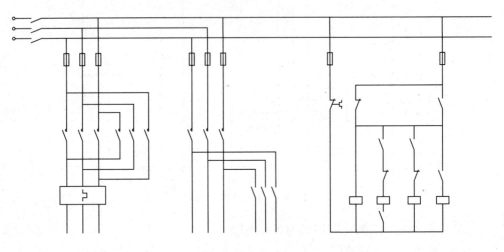

图 12-46　修剪线路结构图

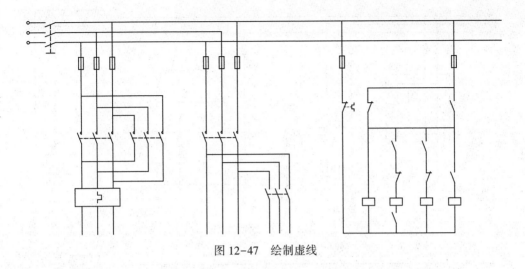

图 12-47　绘制虚线

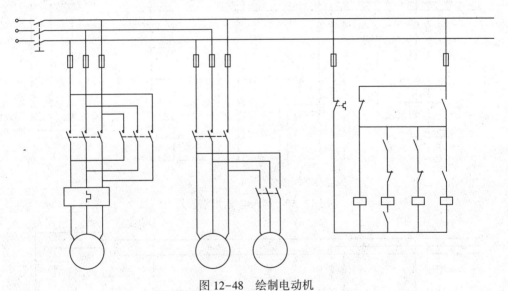

图 12-48　绘制电动机

（10）将"线路结构"图层置为当前图层。

（11）调用 L "直线"命令、O "偏移"命令，绘制如图 12-49 所示的线路。

（12）将"电气图例"图层置为当前图层。

（13）调入电气图例符号。在"图例文件 . dwg"文件中选择相关的电气图例，将其复制粘贴至当前图形中，结果如图 12-50 所示。

（14）绘制变压器。执行 C "圆"命令，设置半径值为 100，绘制圆形如图 12-51 所示。

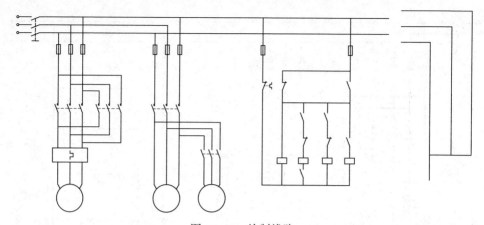

图 12-49　绘制线路

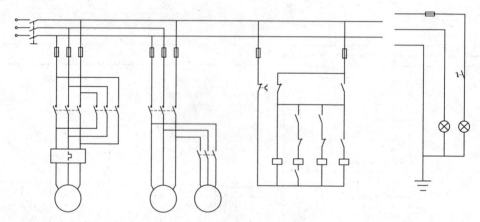

图 12-50　调入电气图例符号

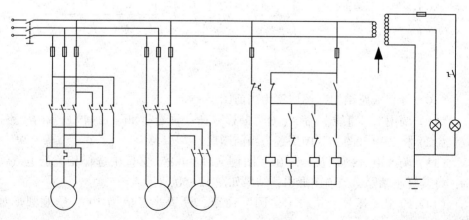

图 12-51　绘制圆形

（15）调用 L "直线"命令，过圆心绘制线段，结果如图 12-52 所示。

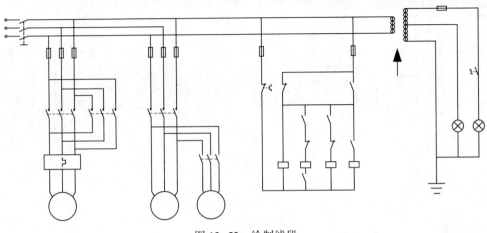

图 12-52 绘制线段

（16）调用 TR "修剪"命令修剪圆形，调用 E "删除"命令，删除线段的结果如图 12-53 所示。

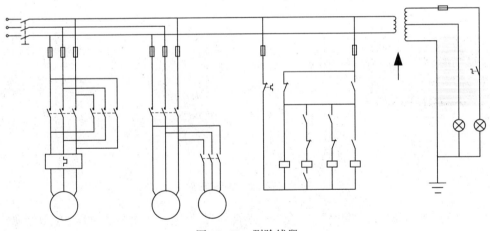

图 12-53 删除线段

（17）调用 PL "多段线"命令，设置线宽为 30，绘制如图 12-54 所示的线段。

12.3.4 绘制注释文字

（1）将"注释文字"图层置为当前图层。

（2）执行 MT "多行文字"命令，绘制如图 12-55 所示的字母代码。

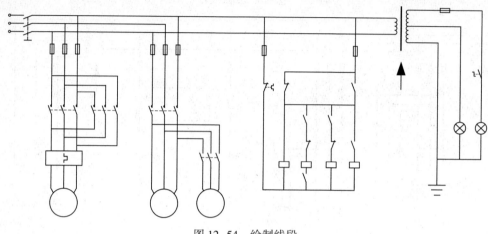

图 12-54　绘制线段

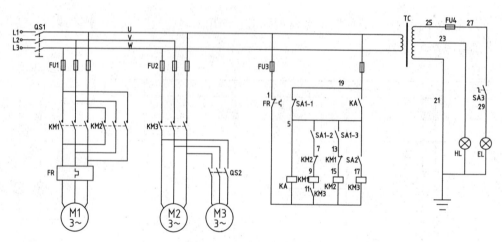

图 12-55　绘制字母代码

（3）执行 REC"矩形"命令、L"直线"命令，在电气图的上方绘制如图 12-56所示的表格。

（4）调用 MT"多行文字"命令，在表格内绘制标注文字，完成电气控制图的绘制结果如图 12-40 所示。

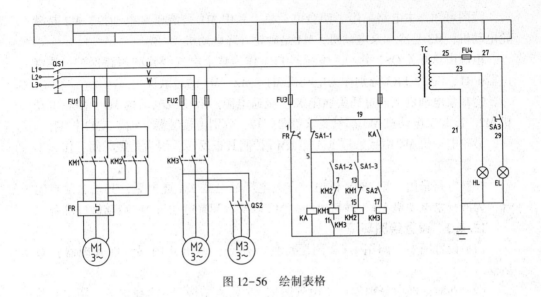

图 12-56　绘制表格

12.4　绘制 M7120 型平面磨床控制电路图

本节介绍 M7120 型平面磨床的工作原理及其电气图的绘制方法。

12.4.1　电路工作原理

如图 12-57 所示为 M7120 型平面磨床控制电路图的绘制结果，本节介绍其绘制步骤。其中，控制电路图简介如下。

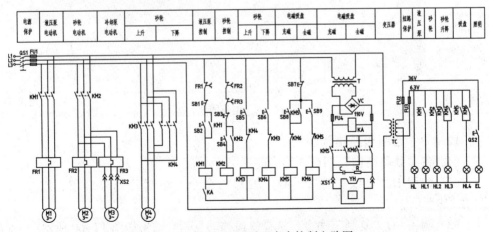

图 12-57　M7120 型平面磨床控制电路图

读图可知，主电路采用了四台电动机。其中 M1 是液压泵电动机，M2 是砂轮电动机，M3 是冷却泵电动机，M4 是砂轮升降电动机。

电源由总开关 QS2 引入，熔断器 FU1 作为整个电气线路的短路保护。热继电器 FR1、FR2、FR3 分别作为电动机 M1、M2、M3 的过载保护。

冷却泵电动机从通过插头插座 XS2 接通电源。液压泵电动机 M1、砂轮电动机 M2、冷却泵电动机 M3 都只要求单向旋转，分别由接触器 KM1、KM2 控制。

砂轮电动机 M4 由接触器 KM3、KM6 控制其正反转，因为是短时间工作，不设置过载保护。

控制电路采用交流 380V 供电，在欠电压继电器 KA 通电后，其动合触点闭合，为液压泵电动机 M1、砂轮电动机 M2 以及冷却泵电动机 M3 启动做好准备。

12.4.2 设置绘图环境

（1）设置图层。调用 LA "图层特性" 命令，调出【图层特性管理器】对话框。

（2）在对话框中分别创建 "电气图例" "线路结构" "注释文字" 图层，并分别修改各图层的颜色，如图 12-58 所示。

（3）参考第 3 章的知识，分别创建文字样式、标注样式。

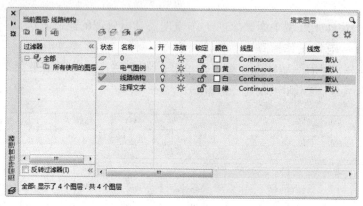

图 12-58　创建图层

12.4.3 绘制线路结构图

（1）将 "线路结构" 图层置为当前图层。

（2）调用 L "直线" 命令、O "偏移" 命令，绘制并偏移线段，结果如图 12-59 所示。

（3）调用 CO "复制" 命令，选择线段移动复制，结果如图 12-60 所示。

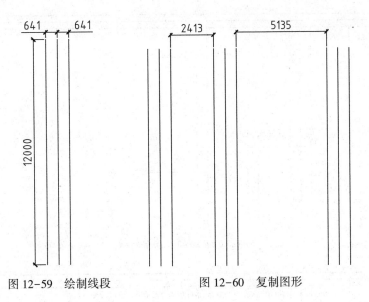

图 12-59　绘制线段　　　　　　图 12-60　复制图形

（4）执行 L "直线" 命令，绘制如图 12-61 所示的线段。

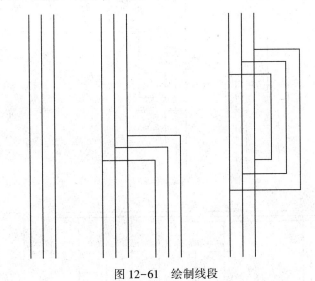

图 12-61　绘制线段

（5）执行 L "直线" 命令、O "偏移" 命令，绘制并偏移如图 12-62 所示的水平线段。

（6）调用 EX "延伸" 命令，向上延伸垂直线段，结果如图 12-63 所示。

（7）分别执行 O "偏移" 命令、TR "修剪" 命令、EX "延伸" 命令，绘制如图 12-64 所示的线段。

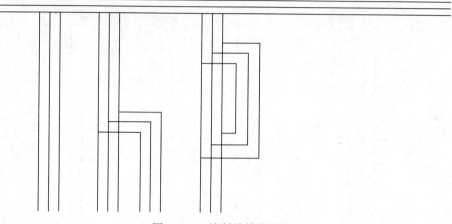

图 12-62　绘制并偏移线段

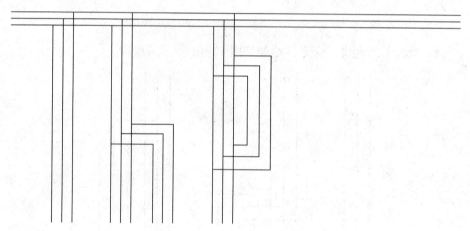

图 12-63　向上延伸垂直线段

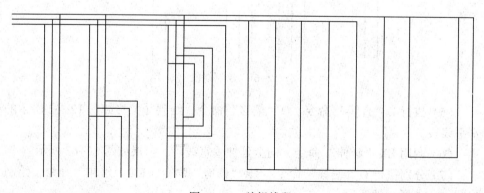

图 12-64　编辑线段

（8）重复上述操作，继续绘制如图 12-65 所示的线路结构图。

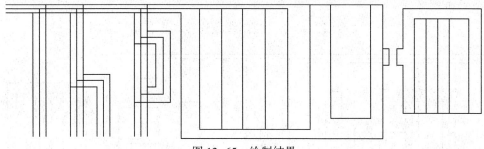

图 12-65　绘制结果

（9）调用 O"偏移"命令、TR"修剪"命令，偏移并修剪线段，完成线路结构图的绘制结果如图 12-66 所示。

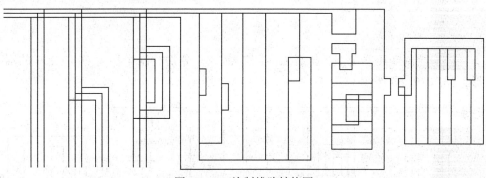

图 12-66　绘制线路结构图

12.4.4　调入电气图例

（1）将"电气图例"图层置为当前图层。

（2）调入电气图例符号。在"图例文件.dwg"文件中选择相关的电气图例，将其复制粘贴至当前图形中，结果如图 12-67 所示。

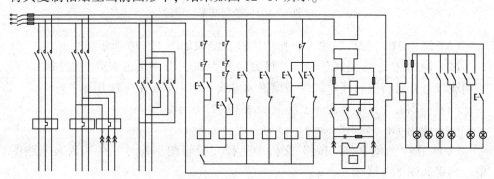

图 12-67　调入电气图例符号

（3）绘制电动机。调用 C "圆" 命令，设置半径值为 695，绘制圆形来代表电动机符号。

（4）接着执行 L "直线" 命令，绘制线段连接圆形，结果如图 12-68 所示。

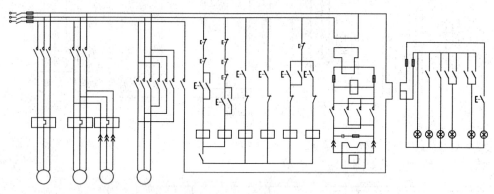

图 12-68　绘制电动机

（5）绘制变压器图例。执行 C "圆" 命令，分别绘制半径为 500、200 的圆形，如图 12-69 所示。

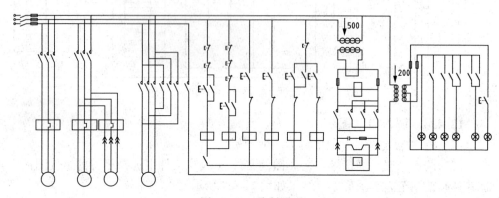

图 12-69　绘制圆形

（6）调用 TR "修剪" 命令，修剪线段，结果如图 12-70 所示。

（7）调用 PL "多段线" 命令，设置线宽为 50，分别单击点取起点和终点来绘制线段，并且将垂直线段的线型设置为虚线，结果如图 12-71 所示。

（8）调用 L "直线" 命令，绘制如图 12-72 所示的线路。

（9）调用 TR "修剪" 命令，修剪线段，如图 12-73 所示。

（10）在 "图例文件 .dwg" 文件中选择二极管图例符号，将其调入电路图中，结果如图 12-74 所示。

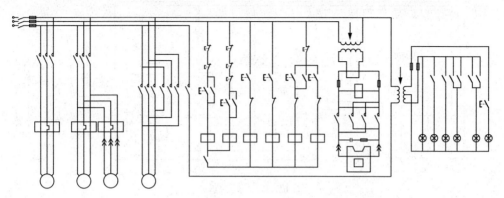

图 12-70 修剪线段

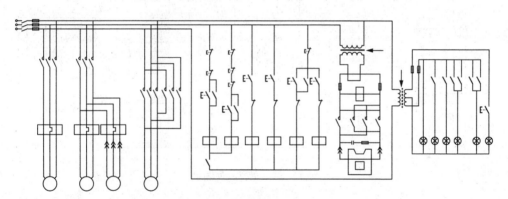

图 12-71 绘制多段线

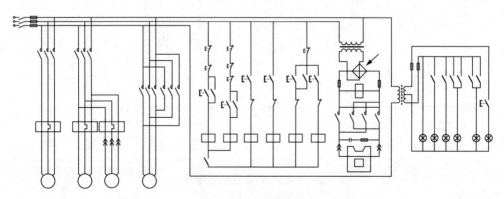

图 12-72 绘制线段

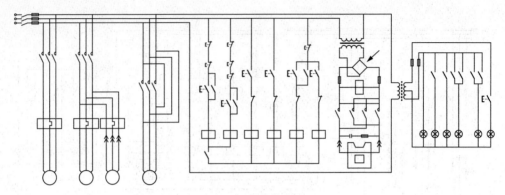

图 12-73　修剪线段

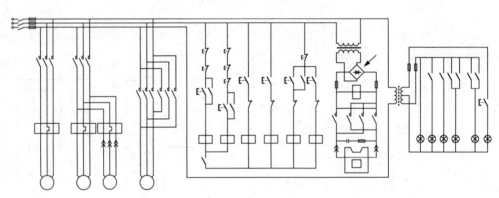

图 12-74　布置电气图例

（11）调用 TR "修剪" 命令，修剪线路结构图，结果如图 12-75 所示。

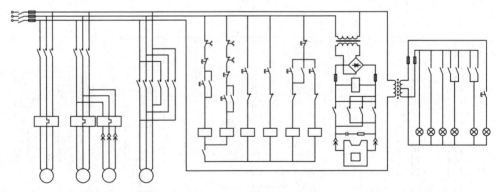

图 12-75　修剪线路结构图

（12）执行 L "直线" 命令，绘制直线连接电气元件图形，并将线段的线型设置为虚线，结果如图 12-76 所示。

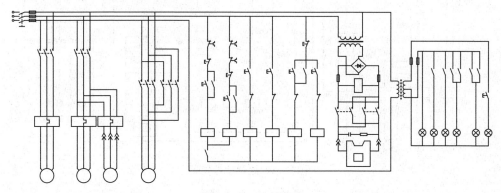

图 12-76　绘制虚线

（13）绘制导体连接构件。调用 C "圆" 命令，绘制半径为 110 的圆形，接着执行 H "图案填充" 命令，选择 SOLID 图案，对圆形执行填充操作的结果如图 12-77 所示。

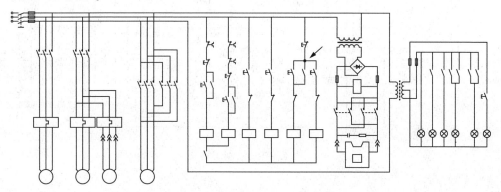

图 12-77　绘制导体连接构件

12.4.5　绘制注释文字

（1）将 "注释文字" 图层置为当前图层。

（2）调用 MT "多行文字" 命令，在电气元件符号的一侧绘制字母代码，结果如图 12-78 所示。

（3）调用 REC "矩形" 命令、L "直线" 命令，在电路图的上方绘制如图 12-79所示的表格。

（4）执行 MT "多行文字" 命令，在表格内绘制标注文字，结果如图 12-57所示。

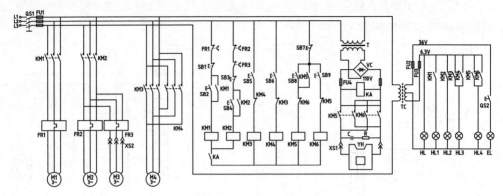

图 12-78　绘制字母代码

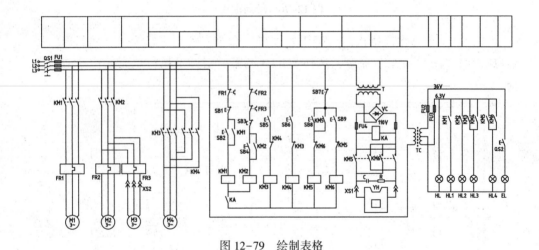

图 12-79　绘制表格

12.5　绘制桥式起重机控制线路图

本节介绍桥式起重机工作原理及其电路图的绘制方法。

12.5.1　电路工作原理

如图 12-80 所示为桥式起重机控制线路图的绘制结果，本节介绍其绘制步骤。读图可知，电路的电源总开关是 QS1，凸轮控制器 AC1、AC2、AC3 分别控制着吊钩电动机 M1、小车电动机 M2 和大车电动机 M3、M4。

其中，电源总开关 QS1、熔断器 FU、主接触器 KM、过电流继电器 KA1～KA4 以及紧急开关 QS2 都安装在控制柜上。凸轮控制器、主令控制器和控制柜

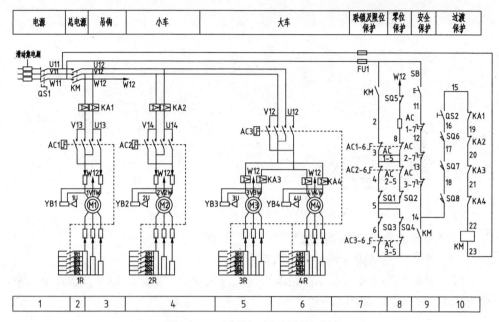

图 12-80 桥式起重机控制线路图

都安放在操作室内，方便实际操作。

以下介绍主接触器 KM 的控制工作过程。

在起重机运行前，将凸轮控制器的手柄置于"0"位→零位联锁触头 AC1-7、AC2-7、AC3-7 均处于闭合状态→合上紧急开关 QS2，关好驾驶室的舱门和横梁的栏杆门→位置开关 SQ6、SQ7、SQ8 的动合触头处于闭合状态，准备工作进行完毕。

合上电源总开关 QS1→接着按下起动按钮 SB→此时主接触器 KM 线圈（10区）吸合→KM 的主触头（2区）闭合→两相电源 U12 和 V12 引入各凸轮控制器，与此同时另一相电源 W12 引入各电动机的定子绕组→松开起动按钮 SB→主接触器 KM 线圈经 2-3-4-5-6-7-14-18-16-19-21-23 后，形成通路并获电源。

此时操纵各凸轮控制器，电动机就可以开始工作。

12.5.2 设置绘图环境

（1）设置图层。调用 LA"图层特性"命令，调出【图层特性管理器】对话框。

（2）在对话框中分别创建"电气图例""线路结构""注释文字"图层，并分别修改各图层的颜色，如图 12-81 所示。

（3）参考第 3 章的知识，分别创建文字样式、标注样式。

图 12-81　创建图层

12.5.3　绘制控制图图形

（1）将"线路结构"图层置为当前图层。

（2）调用 L"直线"命令绘制水平线段，执行 O"偏移"命令，设置偏移距离为 400，偏移线段如图 12-82 所示。

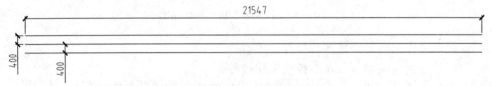

图 12-82　绘制并偏移线段

（3）调用 L"直线"命令、TR"修剪"命令，绘制如图 12-83 所示的线路结构图。

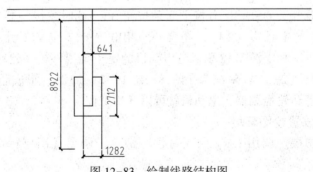

图 12-83　绘制线路结构图

（4）执行 CO"复制"命令，选择上一步骤所绘制的线路结构图向右移动复制，结果如图 12-84 所示。

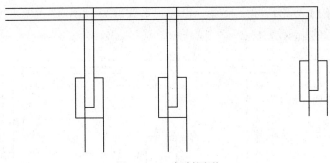

图 12-84　复制图形

（5）将"电气图例"图层置为当前图层。

（6）绘制电动机。执行 C"圆"命令，设置半径值为 641，绘制如图 12-85 所示的圆形。

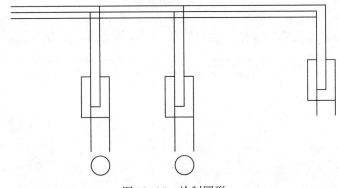

图 12-85　绘制圆形

（7）执行 O"偏移"命令，设置偏移距离为 200，选择圆形向内偏移，结果如图 12-86 所示。

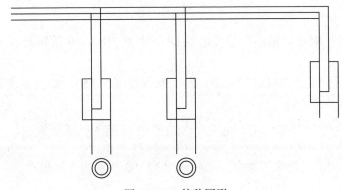

图 12-86　偏移圆形

（8）执行 PL "多段线"命令，设置起点宽度为 150，端点宽度为 0，绘制如图 12-87 所示的指示箭头。

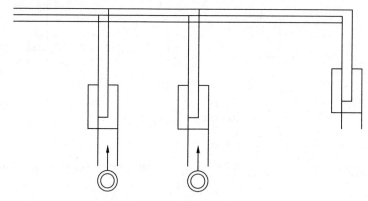

图 12-87　绘制指示箭头

（9）执行 L "直线"命令，绘制如图 12-88 所示的连接线段。

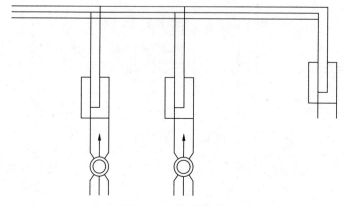

图 12-88　绘制线段

（10）调用 REC "矩形"命令，绘制尺寸为 718×310 的矩形，如图 12-89 所示。

（11）执行 PL "多段线"命令，绘制起点宽度为 150，端点宽度为 0 的指示箭头，如图 12-90 所示。

（12）绘制电阻器构件。执行 REC "矩形"命令，分别绘制尺寸为 1850×380、1420×380、1070×380 的矩形，如图 12-91 所示。

（13）调用 L "直线"命令，绘制如图 12-92 所示的连接线段。

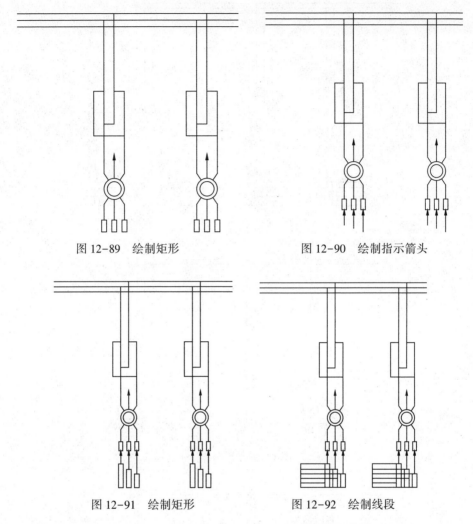

图 12-89 绘制矩形

图 12-90 绘制指示箭头

图 12-91 绘制矩形

图 12-92 绘制线段

（14）执行 CO "复制"命令，选择上一步骤所绘制的图形向右移动复制，结果如图 12-93 所示。

（15）调用 L "直线"命令，绘制线段连接图形，结果如图 12-94 所示。

（16）调用 PL "多段线"命令，绘制起点宽度为 150、端点宽度为 0 的指示箭头，接着调用 TR "修剪"命令，修剪线段如图 12-95 所示。

（17）将 "线路结构"图层置为当前图层。

（18）调用 L "直线"命令，绘制如图 12-96 所示的线路图。

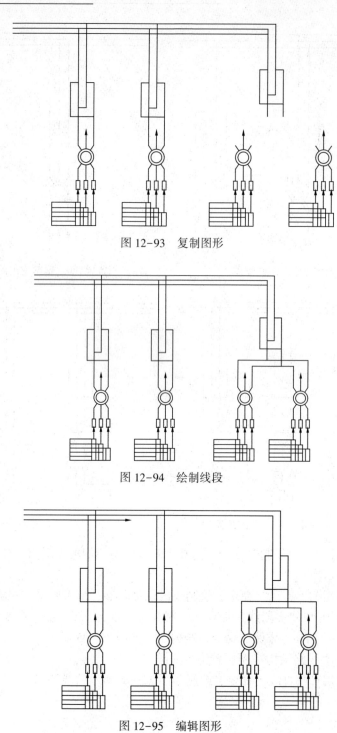

图 12-93　复制图形

图 12-94　绘制线段

图 12-95　编辑图形

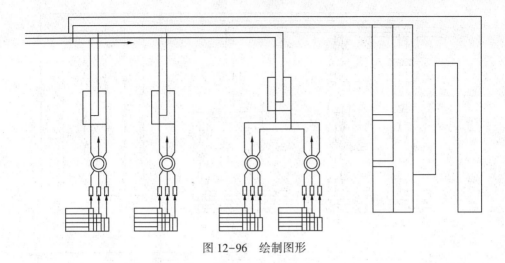

图 12-96　绘制图形

（19）将"电气图例"图层置为当前图层。

（20）调入电气图例符号。在"图例文件 . dwg"文件中选择相关的电气图例，将其复制粘贴至当前图形中，结果如图 12-97 所示。

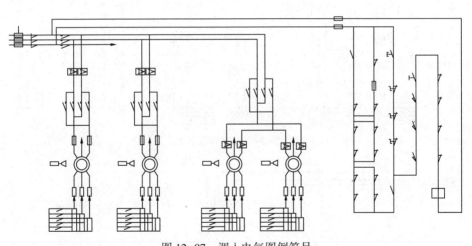

图 12-97　调入电气图例符号

（21）执行 TR "修剪"命令，修剪线段如图 12-98 所示。

（22）将"线路结构"图层置为当前图层。

（23）执行 L "直线"命令，绘制直线连接线路结构图与电气元件，操作结果如图 12-99 所示。

（24）调用 PL "多段线"命令，绘制起点宽度为 150，端点宽度为 0 的箭头，如图 12-100 圆圈内所示。

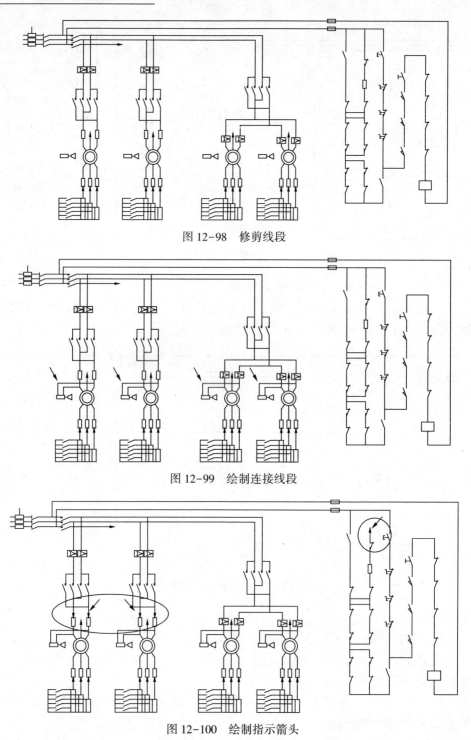

图 12-98　修剪线段

图 12-99　绘制连接线段

图 12-100　绘制指示箭头

（25）调用 L "直线" 命令，绘制线段连接电气元件图形，并且将线段的线型设置为虚线，如图 12-101 所示。

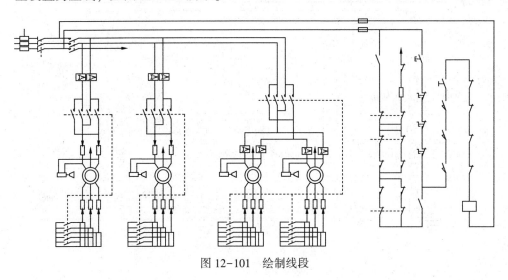

图 12-101 绘制线段

（26）执行 L "直线" 命令，绘制箭头所指的图形，结果如图 12-102 所示。

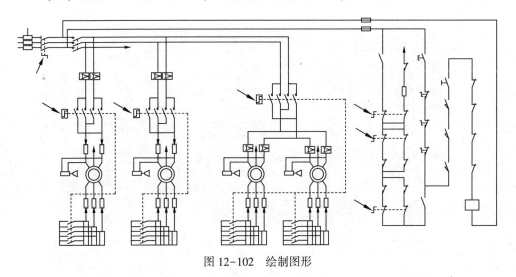

图 12-102 绘制图形

12.5.4 绘制注释文字

（1）将 "注释文字" 图层置为当前图层。

（2）执行 MT "多行文字" 命令，绘制如图 12-103 所示的文字代码。

（3）执行 REC "矩形" 命令、L "直线" 命令，在电路图的上方、下方绘制表格，如图 12-104 所示。

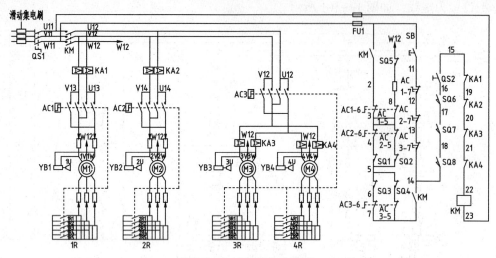

图 12-103　绘制文字代码

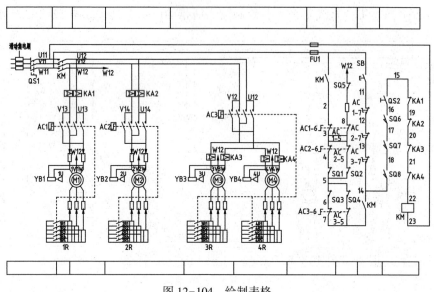

图 12-104　绘制表格

（4）调用 MT "多行文字" 命令，在表格内绘制标注文字，结果如图 12-80 所示。